Hochschultext

Alfred Hollerbach

Grundlagen der organischen Geochemie

Mit 35 Abbildungen

Springer-Verlag
Berlin Heidelberg New York Tokyo

Privatdozent Dr. Alfred Hollerbach
Institut für Erdölforschung
Walther-Nernst-Str. 7
D-3392 Clausthal-Zellerfeld

CIP-Kurztitelaufnahme der Deutschen Bibliothek. Hollerbach, Alfred: Grundlagen der organischen Geochemie/Alfred Hollerbach. – Berlin; Heidelberg; New York; Tokyo: Springer, 1985.
(Hochschultext)

ISBN-13: 978-3-540-15959-9   e-ISBN-13: 978-3-642-70824-4
DOI: 10.1007/978-3-642-70824-4

Inhaltsverzeichnis

Vorwort

Dieses Buch soll Grundkenntnisse in der organischen Geochemie vermitteln.
Deshalb ist es in erster Linie für fortgeschrittene Studenten aus dem
Bereich der Geowissenschaften geschrieben, die sich auf diesem Gebiet
einarbeiten wollen. Es soll somit als Grundlage für die inzwischen umfangreiche weiterführende Literatur dienen. Gewisse Grundkenntnisse über
organische Verbindungen müssen vorausgesetzt werden. Die organische Geochemie hat sich mittlerweile zu einem eigenständigen Teilgebiet der Geochemie entwickelt und befaßt sich mit dem Schicksal der organischen Substanz und der sie aufbauenden chemischen Verbindungen in der Geosphäre.

Der Aufbau des Buches ist so gestaltet, daß nach einem kurzen Abriß über
die Bildung und Sedimentation von organischem Material, die Prozesse der
Diagenese und Inkohlung behandelt werden. Die Diagenese organischer Substanzen verläuft weitgehend im rezenten und subrezenten Bereich, während
die Inkohlung mit der gleichzeitigen Fossilisierung und Bildung von Erdöl und Kohle zusammenfällt. Schließlich folgen einige ausgewählte Kapi-
tel aus einigen mittlerweile etablierten Anwendungsbereichen der organischen Geochemie.

Dieses Buch ist aus einem Vorlesungszyklus entstanden, den ich seit 1973
an der Rhein-Westf. Technischen Hochschule Aachen halte. In diesem Zusammenhang sei Herrn Professor Dr. D.H. Welte recht herzlich dafür ge-
dankt, daß er mit großer Geduld mein Interesse auf das bislang wenig
bekannte Gebiet der organischen Geochemie gelenkt und mir große Unter-
stützung gewährt hat. Ferner war Frau E.-G. Wiese bei der endgültigen
Fertigstellung des Manuskriptes sehr engagiert. Frau C. Kutzmutz und
Frau B. Palakci haben die Zeichnungen angefertigt. Herr Dr. G. Remberg
hat schließlich durch seine kritische Durchsicht geholfen, die Fehler
in Text und Formeln zu minimieren. Ihnen allen gilt mein Dank.

Teil A: Bildung von organischem Material

Organisches Material besteht zum größten Teil aus Verbindungen des Kohlenstoffes, der aufgrund seines besonderen atomaren Aufbaues in der Lage ist, mit sich selbst Verknüpfungen herzustellen. Als eine weitere Besonderheit kommt hinzu, daß die homöopolaren Kohlenstoffbindungen verschiedene räumliche Vorzugsrichtungen aufweisen. Aus diesen Gegebenheiten läßt sich die Vielfalt und Variationsbreite der organischen Moleküle und damit der organischen Chemie erklären. Deshalb besteht das organische Leben aus den chemischen Reaktionswegen des Kohlenstoffes und seiner nächsten Nachbarn Stickstoff, Sauerstoff und Schwefel, unter Einbeziehung des Wasserstoffes. Ferner laufen die organisch-chemischen Reaktionen bei relativ niedrigen Temperaturen ab. Deshalb ist das gebildete organische Material thermolabil und weist eine geringe Resistenz gegenüber thermischen Beanspruchungen von über 80° C auf.

Man kann unzweifelhaft davon ausgehen, daß die Hauptmasse des heutzutage gebildeten organischen Materials von pflanzlichen Organismen abstammt. Deshalb ist die Photosynthese als der bedeutendste biologische Prozeß zur Erzeugung von reduzierten Kohlenstoff-Verbindungen anzusehen. Die "Erfindung" der Photosynthese ist mindestens 2 bis 2,5 Milliarden Jahre alt und stand schon den sehr alten ("primitiven") Organismen zur Verfügung, die diesen komplizierten photochemischen Prozeß in etwa einem Zeitraum von 1 Mrd. Jahren entwickelt haben müssen.

Mit der Entwicklung der Photosynthese ist eine Evolution von photosynthetischen Organismen aus den nicht photosynthetischen Organismen einhergegangen. Die ersten einfachen lebenden Systeme können sich nach dem heutigen Verständnis nur aus organischem Material entwickelt haben, das auf abiotischem Wege im Rahmen einer chemischen Evolution der Kohlenstoff-Moleküle vorher zur Verfügung stand. Der biologischen Evolution muß also eine differenzierte chemische Evolution vorausgegangen sein, wobei letztere in Form der biochemischen Evolution weitergeführt wurde.

A.1. Präbiotische Entstehung von organischem Material

Über die Entstehung von abiologisch gebildeten organischen Molekülen und Bildung von organischen "Aggregaten" auf der primordialen Erde vor etwa 4 Mrd. Jahren läßt sich nur spekulieren, da keine direkten Zeugnisse erhalten sind. Allerdings erhält man aus Laborexperimenten gewisse Hinweise. Man kann annehmen, daß die präbiotische Synthese organischer Substanzen, die ja reduzierte Kohlenstoffverbindungen darstellen müssen, nur unter mehr oder weniger reduzierenden Bedingungen möglich war. Ferner lassen sich dazu als äußere Energiequellen elektrische Entladungen, ultraviolette und radioaktive Strahlungen und thermische Einflüsse diskutieren.

Aus den verschiedenen in einer Atmosphäre vorhandenen Gasen wie Ammoniak, Wasserstoff und Wasserdampf, eventuell auch Kohlendioxid, Kohlenmonoxid und Stickstoff lassen sich unter Energiezufuhr in einer ersten Stufe kleine organische Moleküle, wie Glycin und Alanin, Blausäure, Formaldehyd und einfache Carbonsäuren herstellen. In einer weiteren Stufe könnten aus Blausäure weitere Aminosäuren und cyclische Stickstoffverbindungen, sowie verschiedene Zucker aus Formaldehyd entstanden sein:

Ausgangsmaterial: CH_4, NH_3, H_2, H_2O, (CO_2, CO, N_2)

1. Stufe:

H_2N-CH_2-COOH,   HCN   HCOOH

Glycin   Blausäure   Ameisensäure

$CH_3-CH(NH_2)-COOH$,   HCHO CH_3COOH

Alanin   Formaldehyd   Essigsäure

2. Stufe:

Asparaginsäure, Phenylalanin, Valin, Prolin, Leucin, Isoleucin, Adenin, Uracil, Guanin, Triosen bis Hexosen

Ein weiterer Schritt wäre dann eine Polykondensation der entsprechenden Monomeren zu Makromolekülen unter thermischem Einfluß, die in den meisten Fällen von Wasseraustritt begleitet ist und deshalb kaum in aquatischen Systemen stattgefunden haben dürfte. So lassen sich proteinähnliche Substanzen, Nucleotid-Polymere und Monosaccharid-Polymere aus den

entsprechenden Einzelbausteinen herstellen, die zumindest ansatzweise
die Eigenschaften aufweisen, die wir in den biochemisch gebildeten Polymeren vorfinden.

Eine Zusammenlagerung von Makromolekülen dürfte zu einer Ausbildung von
präbiotischen Systemen geführt haben, die durch Selbstorganisation in
die Lage versetzt wurden, bestimmte Substanzen bevorzugt aufzunehmen und
sich zu höheren Strukturen zusammenzulagern. Auf diese Weise sollte es
möglich sein, Coazervat-Tröpfchen oder Mikrosphären zu bilden. Die Coazervate haben keine feste Membran, die das Innere gegen die Umgebung ab-
grenzt und sind gegen Milieuveränderungen empfindlich. Dagegen sind ar-
tifizielle Protenoid-Mikrosphären zu Wechselwirkungen mit Nucleinsäuren
und zu primitiven Formen von Wachstum und Replikation befähigt, womit
sie schon Eigenschaften von Präzellen oder Protozellen aufweisen.

Die Simulationsexperimente sind alle mit dem Problem behaftet, daß die
Verhältnisse auf der urtümlichen Erde weitgehend unbekannt sind und man
deshalb über die Zusammensetzung der Uratmosphäre und Hydrosphäre nur
mehr oder weniger spekulieren kann.

Die Simulationsexperimente regten natürlich auch zu theoretischen Überlegungen an, die das Phänomen der Entstehung des Lebens über physikalisch-
chemische Prozesse erklärbar machen sollen. Die in stofflichen Systemen
ablaufenden Vorgänge lassen sich mit physikalisch-chemischen Methoden
beschreiben, wobei davon ausgegangen wird, daß eine Protozelle ein offe-
nes System darstellt, die sowohl Stoffe als auch Energie mit der Umgebung
austauscht. Die Existenz replikativer Systeme setzt voraus, daß Strukturen ausgebildet werden, die erworben und weitergegeben werden müssen. Es
muß also ein Informationstransfer möglich sein, der einen selektieren-
den Charakter hat, da ein Informationsvorsprung eine bessere Anpassung
an die sich ändernden Lebensbedingungen bewirkt und somit in Konkurrenz
mit anderen eine Selektion eingeht, die zwangsläufig auch in der Struktur zu einem "höheren Ordnungsgrad" führt.

Zusammenfassend lassen sich über die Entstehung des Lebens zwei Phasen
unterscheiden:

- Bei der chemischen Evolution ist in der Uratmosphäre eine Synthese
  verschiedener kleiner organischer Kohlenstoff-Verbindungen erfolgt.
  Ein Zusammenschluß der reaktionsfähigen organischen Verbindungen be-
  wirkte den Aufbau größerer Molekülverbände und die Entstehung von
  makromolekularen Polymeren.

- die molekulare Evolution setzte sich in der Selbstorganisation der
Makromoleküle zu funktionsfähigen und sich selbst reproduzierenden
Einheiten fort. Die Ausbildung zellähnlicher Strukturen führte
schließlich zu den Urfomen des Lebens, wie sie heute noch in vielen Einzellern zu finden sind.

Die Suche nach paläontologischen Zeugnissen von Protobionten konzentrier-
te sich auf präkambrische Schildregionen der Erde. In den geologisch sehr
alten Formationen wurden eine Reihe von Spuren gefunden, die auf eine ehe-
malige Existenz von Mikrofossilien hindeuten. In dem 3,8 Mrd. Jahre alten Isua-Quarzit aus Grönland lassen sich solche Mikrostrukturen andeu-
tungsweise finden. Dies gilt auch für archaische Gesteinsserien in Süd-
afrika, die 2,5 bis 3,0 Mrd. Jahre alt sind.

Ferner wird die Ausbildung von Stromatolithen, die als karbonathaltige
Algenriffe angesehen werden, als Indikation für biotische Aktivitäten
angesehen. Die ältesten Stromatolithen sind vor 2,7 bis 3,1 Mrd. Jahren
(Bulawayen) entstanden. Da man nur die Morphologie dieser kohligen Mikrofossilien kennt und organisch-chemische Analysen sehr schwierig sind,
ist es nicht auszuschließen, daß es fossile Ablagerungen von Protobionten sind, und der geologische Zeitraum ihrer Biogenese nicht bekannt ist.

A.2. Evolution der Biosphäre

Man kann als sicher annehmen, daß im Präkambrium die Biogenese, d.h. der
Übergang von der nicht lebenden zur lebenden organischen Materie vollzogen worden ist, nachdem Lebensaktivitäten durch die Kooperation eines
Sortimentes von spezifischen Substanzen in einem geordneten System möglich geworden ist. Die ersten Lebensformen führten sicherlich eine hete-
rotrophe Lebensweise, da sie das auf abiologischem Wege gebildete organische Material noch reichlich für ihre Umsetzung vorfanden. Aus einer
reduzierenden Atmosphäre und Hydrosphäre, die an organischem Material
immer mehr verarmten, müßten sich im Rahmen der Überwindung der "ersten
Energiekrise" autotrophe Lebensformen entwickelt haben, die in der Lage
waren, das Sonnenlicht als Energiequelle zu nutzen.

Etwas andere Vorstellungen über die Entwicklung des Lebens gründen sich
auf die Entdeckung von "Urbakterien". Diese, als Archaebakterien bezeich-
nete Bakteriengruppe, stellt eine eigenständige Entwicklungsreihe dar,
die sich phylogenetisch von den "normalen "Eubakterien ebenso unterscheidet wie die letzteren von den Eucaryonten. Die formenreichste Gruppe der

Archaebakterien stellen die chemoautotrophen, strikt anaeroben Methanbakterien, die die Energie zur Kohlendioxid-Assimilation aus der Reduktion des CO_2 zu Methan mit Hilfe von molekularem Wasserstoff beziehen. Geht man deshalb von der Annahme aus, daß CO_2 und H_2 die Hauptkomponenten der primordialen Atmosphäre waren, so läßt sich ein durch den Treibhauseffekt aufgeheiztes Szenario wie auf dem Planeten Venus entwickeln, in der chemische Vorgänge membrangesteuert ablaufen und sich photoaktive Stoffe an atmosphärischen Tröpfchen ansammeln. Eine katalytische Konversion von CO_2 und H_2 zu Methan und Wasser führte aus dem Treibhausklima heraus und zur Bildung von Ozeanen. Demnach könnten aus dieser präbiotischen Biochemie heraus die autotrophen und photosynthetischen Urzellen zuerst entstanden sein.

Die, wie auch immer geartete "Erfindung" der Photosynthese, verbunden mit einer autotrophen CO_2-Fixierung, führte letztlich zu einer Freisetzung von molekularem Sauerstoff, der in der Anfangsphase durch Schwefelwasserstoff und reduzierte Metallsalze (besonders Fe^{++}) abgefangen wurde. Spätestens in dieser Phase müssen sich die Entwicklungslinien der Procaryonten mit anoxygener (H_2S als Ausgangsmaterial) und von denen mit oxygener Photosynthese (ähnlich den Cyanophyceen) getrennt haben. Mit einer Anreicherung von freiem Sauerstoff war aber auch die Voraussetzung für die Ausbildung des rationelleren oxydativen Stoffwechsels der heterotrophen Aerobier geschaffen worden.

Der nächste entscheidende Evolutionsschritt war die Entstehung eucaryontischer photosynthetischer Einzeller, die wahrscheinlich durch eine intrazelluläre Symbiose aus verschiedenen procaryotischen Organismen eingeleitet wurde. Ein Zusammenschluß von Einzellern zu Vielzellern führte bei den heterotrophen Organismen zu einem bedeutenden Selektionsvorteil durch die neu gewonnene Größe, die es erlaubte, andere Einzeller als Nahrung aufzunehmen.

Autotrophe Organismen (Algen) schlossen sich unter Oberflächenvergrösserung im Konkurrenzkampf um die Energiequelle Licht zu größeren Zellverbänden (Zellfäden) zusammen, die schließlich zu dreidimensional verzweigten thallösen und parenchymatisch organisierten Lebens- und Wuchsformen (Protobionten) führte. Dadurch ergab sich im aquatischen Milieu eine festsitzende Lebensweise unter fortschreitender Größenzunahme.

Ein weiterer Schritt in der Phylogenie war die Eroberung der Landoberfläche durch Psilophyten als Vorläufer der echten Landpflanzen (Cormophyten), nachdem sich vor etwa 400 Millionen Jahren (Silur) bei einem

Sauerstoffgehalt von etwa 2% eine abschirmende Ozonschicht gebildet hat-
te.Dieser neue Biotop mit seinem völlig anderen physikalischen Habitus
zwang zu einer weiteren Zelldifferenzierung durch den Besitz von Wurzel-
haaren, Cuticula, Epidermis, Spaltöffnungen, Leitbündeln und austrock-
nungsfesten Sporen   (Bryophyta und Pteridophyta). Mit der Tendenz der
Größenzunahme erfolgte eine Gliederung in Wurzel und Sproß mit Achse
und Blattorganen, die in den parallelen Entwicklungslinien der Bärlappe
(Lycopodiatae), Schachtelhalme (Equisetatae), Farne (Filicatae) und Vorläufer der Samenpflanzen (Spermatophyta) weitergeführt wurden. Aus ursprünglich niedrigen und krautigen entstanden schließlich holzige und
baumförmige Wuchsformen.

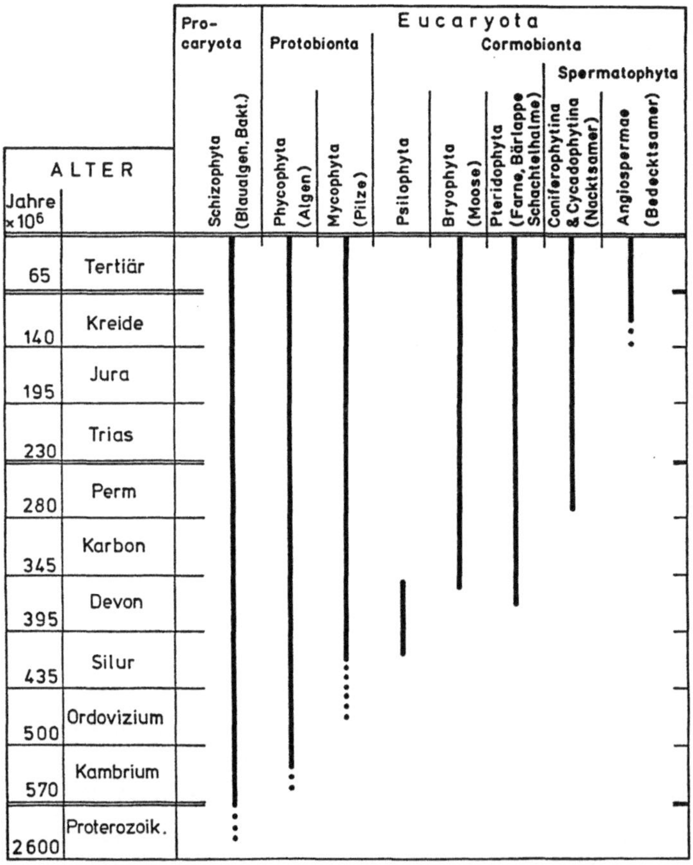

ALTER Jahre ×10⁶	Procaryota	Protobionta		Eucaryota / Cormobionta				Spermatophyta	
	Schizophyta (Blaualgen, Bakt.)	Phycophyta (Algen)	Mycophyta (Pilze)	Psilophyta	Bryophyta (Moose)	Pteridophyta (Farne, Bärlappe, Schachtelhalme)	Coniferophytina & Cycadophytina (Nacktsamer)	Angiospermae (Bedecktsamer)	
65	Tertiär								
140	Kreide								
195	Jura								
230	Trias								
280	Perm								
345	Karbon								
395	Devon								
435	Silur								
500	Ordovizium								
570	Kambrium								
2600	Proterozoik.								

Abb. 1. Entwicklung der Pflanzen in verschiedenen geologischen Zeiträumen

Schon an der Wende vom Devon zum Karbon traten die ersten Samenbildner
(Spermatophyta) auf. Ab dem Perm (bis heute) nahmen die Samenpflanzen
eine beherrschende Stellung in der Landvegetation ein. Die Gymnospermen
(Coniferophytina und Cycadophytina) mit ihren überlegenen Leitungssyste-
men für Wasser wurden ab der Kreide von den Angiospermen überflügelt.
Letztere erfuhren aufgrund ihrer außerdordentlichen Anpassungsfähigkeit
eine fortdauernde extreme Entwicklungsbeschleunigung, die eine nie dage-
wesene Massenentwicklung und das Vordringen der höheren Pflanzen bis in
Kälte- und Trockenwüsten mit den extremen Lebensbedingungen ermöglichte.
Im relativ stabilen Lebensraum der Meere hat die Pflanzenwelt keine ver-
gleichbare Entwicklung erfahren. Dort überwiegen die planktonischen Lebensformen noch heute.

Die Phylogenie der Pflanzen läßt sich dadurch kennzeichnen, daß eine
Fortentwicklung von undifferenzierten niederen zu immer differenzierte-
ren, höheren Organisationsstufen in verschiedenen geologischen Zeiträumen stattgefunden hat (Abb. 1.). Ein verbessertes Regulationsvermögen
physiologischer Vorgänge führt zu einer größeren Unabhängigkeit von
der Umwelt, das sich aber auch im Bau von komplizierteren biochemischen
Verbindungen niederschlägt.

Da die Hauptmasse des auf der Erde gebildeten organischen Materials aus
der Photosynthese stammt, sind die Überreste, die man im sedimentären
Bereich findet, weitgehend pflanzlicher Natur. Die darin enthaltenen
organischen Verbindungen spiegeln sicherlich auch die stammesgeschichtliche Entfaltung des Pflanzenreiches wider.

A.3. Photosynthese

Autotrophe Organismen sind in der Lage, die für ihren Bau und Erhalt
notwendigen organischen Verbindungen aus anorganischen Substraten aufzubauen. Die dafür benötigte Energie wird aus der Umgebung durch Absorp-
tion von Strahlung oder aus chemischen Potentialdifferenzen gewonnen.

Photoautotrophe Organismen, z.B. grüne Pflanzen, assimilieren über die
Photosynthese das Kohlendioxid mit Hilfe des Sonnenlichtes als Energiequelle. Dieser Prozeß stellt einen der qualitativ wie quantitativ wichtigsten biochemischen Vorgänge zur Bereitstellung von chemischer Energie
dar. Alle heterotrophen Organismen können ihrerseits ihre Energie nur
aus dem Abbau der organischen Substanzen gewinnen, die zuvor von den
Primärproduzenten (Autotrophen) bereitgestellt worden sind.

Somit ermöglichten die autotrophen Pflanzen die Evolution des Lebens in den sich heute darbietenden mannigfaltigen Formen.

Die Photosynthese ist ein lichtabhängiger Vorgang, der bis heute noch nicht vollständig aufgeklärt ist. Es wird nur der sichtbare Teil zwischen 380 und 760 nm des gesamtes Spektrums der elektromagnetischen Strahlung ausgenutzt. Für die Photosynthese werden entsprechende Farbpigmente benötigt, da nur absorbiertes Licht photochemisch wirksam sein kann. In allen photoautotrophen Organismen ist das Chlorophyll das entscheidende Pigment, wobei bei den sauerstoffentwickelnden Prozessen das Chlorophyll a die Hauptrolle spielt. Höhere Pflanzen besitzen außerdem noch Chlorophyll b. Die verschiedenen Chlorphylle sind aus vier Pyrrolringen aufgebaut, die über vier Methinbrücken miteinander verbunden sind. In dem makrocyclischen Ringsystem sitzt Magnesium als Zentralatom, und Phytol ist als Seitenkettenalkohol vorhanden. Bei Bacteriochlorophyll c und d ist es das Farnesol. Der 10 π-Elektronen beinhaltende aromatische Makrocyclus läßt sich schon durch relativ energiearme und somit langwellige Strahlung anregen. Da das Chlorophyll a als Sensibilisator wirkt, werden ihm auch jene Energiebeträge zugeleitet, die von den accessorischen Pigmenten (z.B. Carotinoide und Phycobiline) absorbiert werden.

Die Photosynthese läßt sich als Summe zweier Teilreaktionen auffassen, die zusammen in den Chloroplasten der Zellen ablaufen:

1. Die "Lichtreaktion" führt zur Photolyse des Wassers unter Bildung von Reduktionsäquivalenten und chemischer Energie in Form von $NADP \cdot H_2$ bzw. ATP.

2. Die "Dunkelreaktion" führt zur CO_2-Fixierung und Bildung von Kohlenhydraten unter Verbrauch von Reduktionsäquivalenten ($NADP \cdot H_2$) und chemischer Energie (ATP).

Bei der "Lichtreaktion" wird die absorbierte Strahlungsenergie dazu verwendet, um Wasser in Wasserstoff und Sauerstoff zu spalten. Es wird dabei molekularer Sauerstoff freigesetzt und energiereiches Adenosintriphosphat (ATP) als universeller Energiespeicher gebildet. Der Wasserstoff wird auf Nicotinamid-adenin-dinucleotidphosphat ($NADP \cdot H_2$) übertragen:

$$2\ H_2O + 2\ NADP + (ADP + P) \xrightarrow[\text{Photosysteme}]{h\nu}$$

$$O_2 + 2\ NADPH_2 + ATP\ (\Delta G^{o1} = +\ 432\ kJ)$$

An der "Lichtreaktion" sind zwei gekoppelte und in Serie geschaltete
Photosysteme mit einem komplizierten Elektronentransportsystem beteiligt.
Die dabei nutzbare Energie (Freie Enthalpie ΔG^{o1}) beträgt etwa 432 kJ.

In der nachfolgenden "Dunkelreaktion" werden die energiereichen Produkte
der "Lichtreaktion" $NADPH_2$ und ATP dazu verwendet, anorganische energiearme Moleküle zu fixieren und daraus stärker reduzierte und energierei-
chere Verbindungen aufzubauen. In einem komplizierten Netzwerk enzymati-
scher und cyclischer Reaktionen wird CO_2 in Kohlenhydrate, vor allem
Stärke, überführt:

$$n\ CO_2 + 2n\ NADPH_2 \longrightarrow (CH_2O_2)_n + 2n\ NADP + H_2O$$

$$3n\ ATP \longrightarrow 3n\ ADP + 3n\ P$$

Unter Einbeziehung der Photolyse des Wassers, ergibt sich für die Synthese der Glucose, dem monomeren Baustein der Stärke, folgender Zusammenhang:

$$6\ CO_2 + 6\ H_2O \xrightarrow[\text{Photosynth.}]{h\ \nu} C_6H_{12}O_6 + 6\ O_2 \quad (\Delta G^{o1} = +2862\ kJ)$$

Bei den meisten Pflanzen ist 3-Phosphoglycerat, eine C_3-Verbindung, das
erste faßbare Photosyntheseprodukt. Das CO_2 wird dabei von Ribulose-1,5-
diphosphat (C_5-Zucker) unter Spaltung zu zwei 3-Phosphoglyceratmolekü-
len fixiert. Einige Pflanzen sind aber auch in der Lage, das CO_2 über eine Reihe von Zwischenstufen in Form von Aspartat oder Malat (C_4-Körper)
einzufangen, bevor es dann mit Hilfe von Ribulose-diphosphat in der üb-
lichen Weise verarbeitet wird. Durch diesen vorgeschalteten CO_2-Konzen-
trierungsmechanismus unterscheidet man deshalb C_3- und C_4-Pflanzen.

Die sauerstofferzeugende Photosynthese ist weitgehend auf die eucaryo-
tischen grünen Pflanzen und Blaualgen beschränkt. Photoautotrophe Bakterien sind nicht in der Lage, Wasser als Reduktionsmittel (Wasserstoff-
donator) zu benutzen, da sie kein zweites Photosystem besitzen. Folglich
setzen sie keinen molekularen Sauerstoff frei. Vielmehr verwenden sie in
erster Linie reduzierte Schwefelverbindungen, z.B. den Schwefelwasserstoff
als Reduktionsmittel:

$$6\ CO_2 + 12\ H_2S \xrightarrow{h\nu} C_6H_{12}O_6 + 6\ H_2O + 12\ S$$

Photoorganotrophe Mikroorganismen sind dagegen auf organische Wasserstoff-
donatoren angewiesen.

A.4. Chemosynthese

Die Chemosynthese spielt in Relation zur Photosynthese nur eine unterge-
ordnete Rolle. Sie ist zudem ausschließlich nur von Procaryonten durch-
führbar. Die zur Chemosynthese befähigten Organismen können zu anorganischen Verbindungen oder Ionen oxidieren und somit durch die Ausnützung
der Potentialdifferenzen anorganischer Redoxysysteme, die für eine autotrophe CO_2-Assimilation notwendigen Reduktionsäquivalente gewinnen. Der
CO_2-Einbau erfolgt grundsätzlich nach dem gleichen Mechanismus wie bei
den Photoautotrophen. Deshalb braucht nur kurz auf die energiegewinnen-
den Reaktionen eingegangen zu werden. Obwohl für diese Umsetzungen molekularer Sauerstoff erforderlich ist, werden nur geringe Energiebeträge
frei, die durch Umsatz entsprechend großer Mengen aufgebracht werden
müssen.

Die Schwefeloxidation erfolgt überall dort, wo reduzierte Schwefelverbindungen vorhanden sind:

$$2\ H_2S + O_2 \longrightarrow 2\ S + 2\ H_2O \quad (\Delta G^{o1} = -209\ kJ)$$

Der elementare Schwefel kann bis zum Sulfat oxidiert werden:

$$2\ S + 2\ H_2O + 3\ O_2 \longrightarrow 2\ H_2SO_4 \quad (\Delta G^{o1} = -498\ kJ)$$

Ferner laufen die Nitritfikationen durch Oxidation von Ammoniak über Ni-
trit zu Nitrat ab:

$$2\ NH_3 + 3\ O_2 \longrightarrow 2\ HNO_2 + 2\ H_2O \quad (\Delta G^{o1} = -272\ kJ)$$

$$2\ HNO_2 + O_2 \longrightarrow 2\ HNO_3 \quad (\Delta G^{o1} = -75\ kJ)$$

Knallgasbakterien, die im Gegensatz zu den nitrifizierenden Bakterien
nur fakultativ autotroph sind, setzen molekularen Wasserstoff um:

$$H_2 + 1/2\ O_2 \longrightarrow H_2O \quad (\Delta G^{o1} = -239\ kJ)$$

Methanbakterien sind in der Lage, Methan zu CO_2 zu oxidieren. Ebenso sind Eisen- und Magnanbakterien in der Lage, Fe^{2+} zu Fe^{3+} und Mn^{2+} zu Mn^{4+} zu oxidieren. Da sich die Redoxpotentiale der Substrate sehr stark unterscheiden, ist auch der Weg der ATP-Gewinnung verschieden. Als Reduktionsmittel für die CO_2-Reduktion dient auch $NADPH_2$, das ebenfalls durch Umsetzung anorganischer Substrate bereitgestellt wird.

A.5. Chemische Zusammensetzung der Biomasse

Die Biomasse setzt sich hauptsächlich aus dem Material der höheren Pflanzen, dem Plankton und den Bakterien zusammen. Diese verschiedenen Organismengruppen prägen mit ihrer unterschiedlichen chemischen Zusammensetzung und ihrem ungleichmäßigen Anteil den chemischen Aufbau der Biomasse.

Einige Substanzklassen, wie Kohlenhydrate, Proteine, Lipidstoffe und Nucleinsäuren sind in allen Organismen vorhanden. Bei den höheren Pflanzen kommt zusätzlich das Lignin als wichtiger Naturstoff in großen Mengen vor. Normalerweise ist der Kohlenstoff gewichtsmäßig das häufigste Element. Es folgen dann der Sauerstoff und der Wasserstoff (Tabelle 1).

Tabelle 1. Elementare Zusammensetzung verschiedener Substanzklassen

SUBSTANZ-KLASSE	ELEMENTARE ZUSAMMENSETZUNG (%)			
	C	O	H	N
Lignin	63	30	6	-
Kohlenhydrate	44	50	6	-
Fette	69	18	10	-
Wachse	82	4	14	-
Cutin	72	17	10	-
Proteine	52 - 55	21 - 24	7	15 - 18
Nucleinsäuren	50	7	6	23

Generell lassen sich sauerstoffreiche Naturstoffe, wie Kohlenhydrate und Lignin, von wasserstoffreichen, wie Fette, Wachse und Cutine unterscheiden. Proteine und Nucleinsäuren haben noch zusätzlich Stickstoff gebunden. Die verschiedenen Substanzklassen sind recht unterschiedlich auf die Organismen oder deren Teile verteilt (Tabelle 2).

Tabelle 2. Elementarzusammensetzung und Anteile der Substanzklassen
an verschiedenen Organismen

ORGANISMEN UND -TEILE	ELEMENTARZUSAMMENSETZUNG (%)				ANTEILE DER SUBSTANZKLASSEN (%)					
	C	O	N	H	Asche	Kohlenhydrate	Lignin	Lipide	Proteine	Cutin, Suberin
Holz	43-47	37-40	0.2-1	5-6	5-10	45-65	20-45	0.2-15	12-16	
Blätter	41-47	35-40	1-2	6	3-11	15-40	4-24		6-22	
Rinden	48-50	32-35	1	6	5-10	-	20-50	3-15	-	30-40
Cuticulen						15-35	-	10-40	-	25-75
Algen	35-38	5-38	2	5	17-23					
Phytoplankton	12-44	7-32	1-10	2-7	12-77	0-36	-	2-10	28-48	
Zooplankton					4-6	0-4	-	5-19	71-77	
Bakterien	50	21-30	10-15	7	3-7	5-30	-	10-20	50	

Bei den höheren Pflanzen bestehen besonders die mehrjährigen, holzigen
Teile zu 60-80% aus Lignin und Cellulose. Dagegen enthalten die Rinden,
Blätter, Sporen, Pollen und Samen mehr Lipide und lipidähnliche Substan-
zen.

Marines Plankton zeichnet sich durch hohe Proteingehalte aus, die beim
Zooplankton am höchsten sind. Phytoplankton hat mehr oder weniger große
Ascheanteile, je nachdem welche Art von anorganischem Skelettaufbau, z.B.
Dinoflagellaten (12-77% Asche) oder Diatomeen (30-59% Asche) vorzufinden
ist. Bakterien sind in ihrer chemischen Zusammensetzung sehr variabel.
Normalerweise stellt jedoch die Proteinfraktion den weitaus größten An-
teil. Die Zellwände bestehen bei den meisten Bakterienstämmen aus dem
Glycopeptid Murein, das sich aus heteropolymeren Mucopolysaccharidketten
aufbaut, in dem Glucosamine und kurze Peptidketten miteinander verknüpft
sind.

A.6. Kohlenstoff-Kreislauf

Alle heterotrophen Organismen und die chloroplastenfreien Zellen der
vielzelligen Photoautotrophen verwenden für die Synthese ihrer organischen Zellsubstanz und als Energiespender ausschließlich reduzierte Kohlenstoffverbindungen, die ausschließlich von den autotrophen Organismen
bereitgestellt werden.

Die Heterotrophen schöpfen die benötigte Energie aus Oxidations-/Reduk-
tionsreaktionen, d.h. es finden Elektronenübergänge von einem Elektro-
nendonator auf einen Elektronen-Acceptor statt. Durch unterscbiedliche
Endacceptoren der Elektronen lassen sich zwei Haupttypen der Abbaureaktionen (Katabolismus) unterscheiden:

- Bei der aeroben Atmung oder aeroben Dissimilation dient der Sauerstoff
  als terminaler Wasserstoff-Acceptor (Elektronen-Acceptor).

- Gärungen (anaerobe Diisimilationen) stellen diejenigen Prozesse dar,
  bei denen der Wasserstoff auf organische H-Acceptoren übertragen wird.

- Bei der anaeroben Atmung werden Sulfat und Nitrat als anorganische H-
  Acceptoren verwendet (dissimilatorische Sulfat- und Nitrat-Atmung).

A.6.1. Aerobe Atmung

Da eine aerobe Atmung mit einem erheblichen Energiegewinn verbunden ist,
wird eine Atmung gegenüber den verschiedenen Gärungsprozessen bevorzugt.
Bei Sauerstoffmangel sind viele Organismen in der Lage, auf eine Gärung
umzustellen. Dies wird dadurch begünstigt, weil beide Reaktionswege über
viele Stufen sehr ähnlich verlaufen. Als Substrat für Atmung und Gärung
dient meist Glucose, die zum Pyruvat abgebaut wird. Unter aeroben Bedingungen wird das Pyruvat oxidativ decarboxyliert, wobei das gebildete
Acetat nicht in freier Form vorliegt, sondern an das Co-Enzym A gebunden ist. Dieses Acetyl-CoA kann dann im Citrat-Cyclus und in der Atmungskette vollständig zu Kohlendioxid und Wasser mineralisiert werden.

Die bei der Pyruvatbildung und dessen biologischer Oxidation übernommenen
Elektronen mit hohem negativen Redoxpotential durchlaufen eine Kette von
Redoxsubstanzen abgestuften Potentials. Die Coenzyme der Atmungskette
übertragen den Wasserstoff auf den molekularen Sauerstoff, wobei ein Teil
der dabei freiwerdenden Energie in Form von ATP chemisch gebunden wird.

Die Wasserbildung und nicht die Decarboxylierung (CO_2-Abspaltung) organischer Säuren ist bei der biologischen Oxidation der eigentliche exer-
gonische Prozeß. Ein vollständiger Glucoseabbau zu CO_2 und Wasser läßt
sich vereinfacht so formulieren:

$$C_6H_{12}O_6 + 6\ O_2 + 6\ H_2O \longrightarrow 6\ CO_2 + 12\ H_2O \quad (\Delta G^{o1} = -22877\ kJ)$$

Es werden dabei 36 Mol ATP erzeugt.

A.6.2. Anaerobe Dissimilation

Die Glucose-Gärungen gehen ebenfalls vom Pyruvat aus, das entweder in
Ethanol oder verschiedene Carbonsäuren (z.B. Milchsäure) umgewandelt
wird:

$$C_6H_{12}O_6 \longrightarrow 2\ C_2H_5OH + 2\ CO_2 \quad (\Delta G^{o1} = -234\ kJ)$$

$$C_6H_{12}O_6 \longrightarrow 2\ CH_3\text{-}CHOH\text{-}COOH \quad (\Delta G^{o1} = -197\ kJ)$$

Bei den Endprodukten Ethanol und Milchsäure werden jeweils 2 Mol ATP gebildet. Deshalb sind Gärungsprozesse uneffektiver als die aerobe Atmung.

A.6.3. Anaerobe Atmung

Bei der anaeroben Atmung ersetzen Sulfat und Nitrat die Funktion des
Sauerstoffs als Wasserstoff-Acceptoren. Die Fähigkeit von einigen Mikroorganismen zu einer Elektronenübertragung auf Sulfat und Nitrat versetzt
sie in die Lage, organische Substrate auch ohne Sauerstoff weitgehend zu
oxidieren und dabei erheblich mehr Energie zu gewinnen als dies durch
Gärung möglich wäre.

Aus der dissimilatorischen Sulfatreduktion ("Sulfat-Atmung"), die nur
unter streng anaeroben Bedingungen abläuft, entsteht Schwefelwasserstoff.
Als H-Donatoren dienen organische Säuren, Alkohole und molekularer Wasserstoff:

$$8\ [H] + H_2SO_4 \longrightarrow H_2S + 4\ H_2O$$

Die organischen Substrate werden nicht endoxidiert. Die Bildung von Schwefelwasserstoff findet im Faulschlamm statt, wo den Desulfurikanten unter
anaeroben Bedingungen die unvollständig abgebauten organischen Verbindungen als H-Donatoren dienen. Unter aeroben Bedingungen ist Schwefelwasser-

stoff nicht beständig und wird im Zuge einer mikrobiellen Schwefeloxidation zu elementarem Schwefel oder Sulfat umgesetzt. Der Schwefel macht deshalb in der Natur kreislaufähnliche Umsetzungen durch.

Die Nitrat-Atmung gestattet eine Reduktion zu Ammoniak, molekularem Stickstoff oder Distickstoffoxid (N_2O). Bei der Denitrifakation werden die organischen H-Donatoren zu Kohlendioxid und Wasser endoxidiert:

$$8 \ [H] + HNO_3 \longrightarrow NH_4OH + 2 \ H_2O$$

$$10 \ [H] + 2 \ HNO_3 \longrightarrow N_2 + 6 \ H_2O.$$

A.6.4. Aufbau und Abbau der organischen Substanz

Die Summenformeln von Photosynthese und Zellatmung lassen erkennen, daß der Kohlenstoff und Sauerstoff durch den Aufbau und Abbau der organischen Substanz in Kreisläufen geführt wird. Bei der Photosynthese erfolgt eine lichtgetriebene Reduktion des Kohlenstoffes mit Hilfe von Wasser. Dabei wird organische Substanz gebildet und molekularer Sauerstoff frei. Dieser wird wieder dazu benutzt, um die reduzierten Kohlenstoffverbindungen wieder zu Kohlendioxid und Wasser abzubauen. Einem anabolischen Aufbau folgt also ein katabolischer Abbau. Dieser Kreislauf wird durch die Adaption von Sonnenenergie angetrieben:

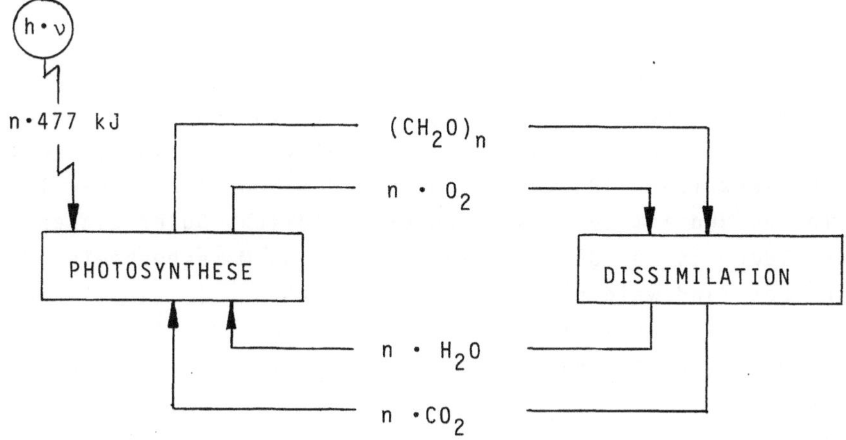

Der dargestellte Kreislauf hat trotz seiner stochiömetrischen Geschlossenheit ein kleines Leck, weil ein geringer Teil des organischen Materials unter günstigen Umständen in den tieferen Sedimentbereich gelangen kann und unter weitgehender Erhaltung abgelagert wird. Somit bildet die

Geosphäre ein sehr großes Reservoir an fossilem organischen Kohlenstoff.

A.6.5. Primärproduktion und Massenbilanzen

Die photosynthetischen Organismen sind in ihrer Masse etwa tausendfach
stärker vertreten als die Tiere. Dies gilt allerdings im marinen Bereich
nicht gleichermaßen. Die Pflanzengesellschaften zeigen je nach ihrer Herkunft stark unterschiedliche Zusammensetzungen auf.

Im marinen und lakustrinen Milieu sind planktonische Organismen, wie
Blaugrün- und Grünalgen, Coccolithophoriden und Dinoflagellaten (Kalk-
schaler), Silicoflagellaten und Diatomeen vorherrschend.
Bei der kontinentalen Biomasse nehmen die höheren Landpflanzen den weitaus größten Anteil ein, wobei fast die Hälfte der Gesamtmasse in den tropischen Regenwäldern festgelegt ist.

Durch die Phylogenie der Pflanzen hat sich die Zusammensetzung der terrestrischen Biomasse in den verschiedenen geologischen Zeitaltern entscheidend geändert, da gerade auf dem Land eine stürmische Pflanzenent-
wicklung stattgefunden hat (Abb. 1).
Eine dritte, große Gruppe von Organismen stellen die Bakterien dar, die
entweder als Destruenten oder als Pioniere in extremen Bereichen zu leben vermögen. Ihr Anteil läßt sich aufgrund methodischer Schwierigkeiten
nur sehr schwer erfassen. Zumindest sind sie für große Stoffumsätze verantwortlich.
Die Produktionsleistung eines Ökosystems an organischer Substanz pro Zeit-
und Flächeneinheit bezeichnet man als seine Produktivität, die gewöhnlich
in Gramm Trockengewicht pro m^2 und Jahr ($g/m^2/a$) angegeben wird. Das Ausmaß der Primärproduktion der grünen Pflanzen hängt von der eingestrahlten
Sonnenenergie, Wasserzufuhr, CO_2-Versorgung und dem Gehalt an mineralischen Nährstoffen ab und ist somit sehr unterschiedlich. So erreichen
tropische Regenwälder bis zu   3500 $g/m^2/a$, Sümpfe und Marschgebiete
6000 $g/m^2/a$, und Festlandswälder etwa 1200 $g/m^2/a$.(Abb. 2). Die offenen
Ozeane dagegen erreichen nur mittlere Werte von 125 $g/m^2/a$. Aber in nährstoffreichen Auftriebsgebieten hat man eine lokale Planktonaktivität von
über 6000 $g/m^2/a$.

Die Effizienz der Primärproduktivitäten hängt entscheidend von der Licht-
ausnutzung und somit von den Chlorophyllmengen ab. Plankton-Gesellschaf-
ten verwerten mit 0,03 bis 0,3 g/m^2 Chlorophyll nur ca. 0,1% des eingestrahlten Lichtes. Wälder liegen bei 2 bis 3,5 g/m^2 und bei 2% Lichtaus-
beute. Da die Atmungsverluste bei Tropenwäldern 80% und im Plankton nur

10 bis 20% betragen, ist es verständlich, daß Phytomasse und Produktivität nicht direkt miteinander korrelieren können.

Die Biomasseanteile der Konsumenten und Zersetzer hängt sehr stark von der Art und Form der Primärproduktion ab. Nur etwa 1% der terrestrischen und etwa 5 bis 6% der marinen Primärproduktion wird durch tierische Organismen verbraucht. Der weitaus größere Anteil wird von den Bakterien und Pilzen (Zersetzer) aufgearbeitet. In kalten Klimaten wird erheblich mehr an abgestorbener organischer Substanz angesammelt als dies in tropischen Regenwäldern der Fall ist. Die Schätzungen an dem Verhältnis von Biomasse zu terrestrischen Bestandsabfällen liegen bei 16,5 zu 1, das sind etwa $1,11 \times 10^{10}$ Tonnen Bestandsabfälle. Im marinen Bereich stehen den 10^{13} t an toter organischer Substanz eine Biomasse von nur $0,4 \times 10^{10}$ t gegenüber, dies führt zu einem Verhältnis von 1 zu 10^{-3}. Die erheblich höheren Erhaltungsraten der abgestorbenen marinen Biomasse sind letztlich eine fundamentale Voraussetzung für die Entstehung von Erdöl- und Erdgaslagerstätten.

Der marine und limnische Bereich zeichnet sich durch eine relativ geringe Biomasse, aber durch hohe Umsätze aus. Seine Produktivität ist entscheidend von der Nährstoffzufuhr abhängig und stellt insgesamt ein labiles System dar. Die Ozeane nehmen zwar 70% der Erdoberfläche ein, tragen aber nur mit ca. 30% zur Gesamtproduktivität der Biomasse von 17×10^{10} t/a bei.
Die Biomasse der Biosphäre beträgt etwa 184×10^{10} t (nach anderen Schätzungen sind es nur 107 bis 170×10^{10} t). Davon stellt die autotrophe Phytomasse 99%. Die terrestrische Phytomasse ist zu 90% in Wäldern festgelegt und etwa 500mal so groß wie die der aquatischen Systeme.

Aus einem mittleren organischen Kohlenstoffgehalt (C org.) von 0,2% für alle Sedimente ergeben sich für eine Massenbilanzierung, daß in den Sedimenten etwa $1,2 \times 10^{16}$ t an organischem Kohlenstoff vorhanden sind.
Bei einem Umrechnungsfaktor von organischem Kohlenstoff zu organischem Material von 1,18 sind dies etwa $1,4 \times 10^{16}$ t organisches Material.
Die Biosphäre enthält dagegen nur etwa $1,8 \times 10^{12}$ t an Trockenmasse.
Dies sind etwa $0,82 \times 10^{12}$ t C org., da die organische Trockensubstanz im Mittel 45,5% Kohlenstoff enthält. Die jährliche Leckrate, die in die Geosphäre gelangt, läßt sich aus der Akkumulationszeit von etwa 300 bis 500 Millionen Jahren errechnen. Es sind etwa 24 bis 40×10^{16} t C org. pro Jahr, die aus dem biologischen Kohlenstoff-Cyclus entweichen und in die Sedimente befördert werden.

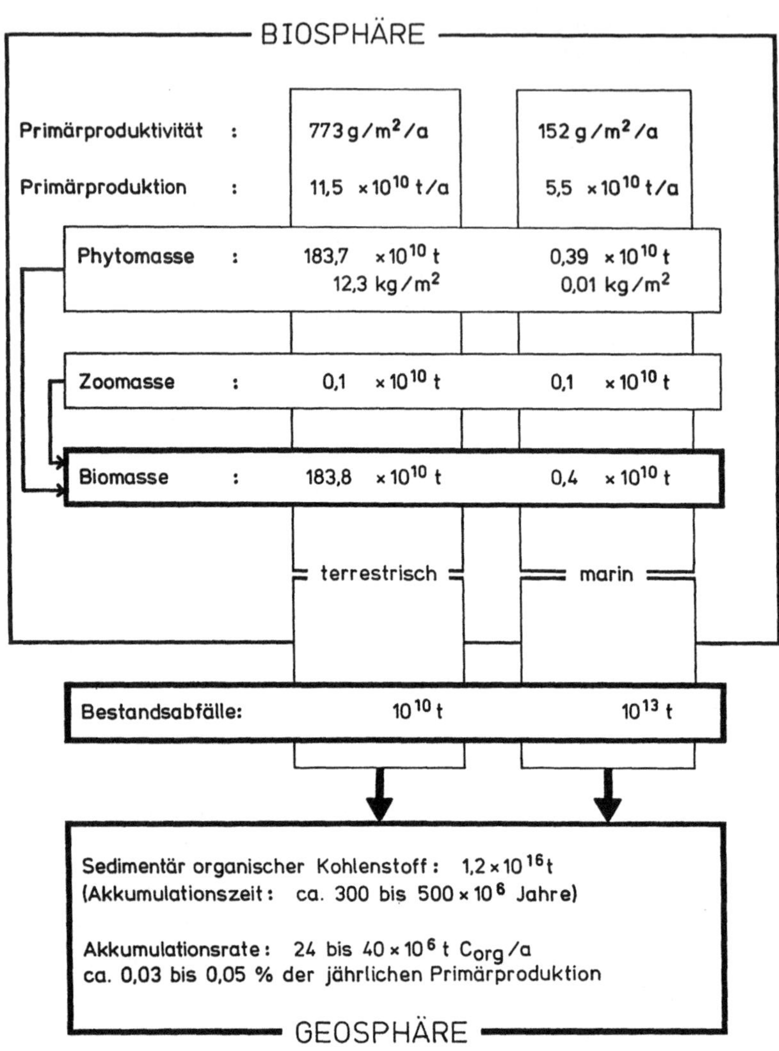

Abb. 2. Massenbilanzen im Kohlenstoff-Kreislauf

Die Schätzungen der jährlichen Primärproduktion von etwa 17×10^{10} t/Jahr sind unsicher. Sie dürften aber für den marinen und terrestrischen Bereich zusammen etwa $7,6 \times 10^{10}$ t C org. betragen, so daß von der Primärproduktion zwischen 0,03 und 0,05 % absedimentiert werden und als fossile organische Reste in die Erdkruste gelangen. Von den 10^{16} t an sedimentärem organischen Material liegen nur 10^{13} t, d.h. 1 °/₀₀ in Form von gewinnbaren fossilen Brennstoffen, hauptsächlich Kohlelagerstätten, vor.

Die Stöchiometrie der Photosynthesegleichung erfordert, daß jedes reduzierte C-Atom einem freigesetzten O_2-Molekül entspricht. Die Atmosphäre
enthält nur etwa $1,2 \times 10^{15}$ t Sauerstoff. Dies entspricht nur etwa 12%
des gesamten organischen Kohlenstoffes in den Sedimenten (10^{16} t). Die
restlichen 78% sind durch Oxidationsvorgänge in Form von Eisenoxiden und
Sulfaten gebunden worden.

Als destabilisierender Faktor des anabolischen-katabolischen Cyclus ist
nicht der O_2-Gehalt der Atmosphäre, sondern ihr CO_2-Gehalt anzusehen.
Dies ist auch daraus erkennbar, daß der atmosphärische Sauerstoffgehalt
im Laufe der Erdgeschichte laufend gestiegen ist, aber der CO_2-Gehalt
mit 0,03 Vol.% relativ konstant geblieben ist. Die Atmosphäre stellt
ein Reservoir von etwa 7×10^{11} t Kohlenstoff dar. Davon werden jährlich
etwa 10^{11} t durch Photosynthese und Dissimilation ausgetauscht. Der atmosphärische Kohlenstoff-Kreislauf ist also ein sich schnell regelndes System. Da die atmosphärische CO_2-Konzentration durch den Treibhauseffekt
(er bewirkt einen Wärmestau) ein Klimafaktor darstellt, hat sie einen
entscheidenden Einfluß auf die Photosynthese. Durch menschliche Aktivitäten, d.h. durch Verbrennung fossiler Energieträger (5×10^9 t/a), durch
Waldrodung und Bodenerosion ($4-5 \times 10^9$ t/a) werden 9 bis 10×10^9 t
Kohlenstoff freigesetzt, dem steht aber nur eine Puffer-Kapazität von ca.
7×10^9 t/a gegenüber. Eine Überschußproduktion an CO_2 dürfte schwerwie-
gende Klimaveränderungen hervorrufen. Deshalb muß nicht nur die Verbrennung fossiler Brennstoffe eingeschränkt werden, sondern auch die Erhaltung der Waldvegetation als Kohlenstoff-Reservoir ist ebenso wichtig.

Die photoautotrophen Pflanzen verwandeln die mit Hilfe der photosensib-
len Pigmente den absorbierbaren Teil der Strahlungsenergie der Sonne in
freie chemische Energie, diese freie Energie ist die Grundlage für die
Existenz allen photoautotrophen und heterotrophen Lebens. Jeder Organismus ist darauf angewiesen, daß ihm beständig freie Energie in geeigneter
Form zur Verfügung steht. Die freie Energie steckt in den wasserstoffreichen organischen Kohlenstoff-Molekülen, die in heterotrophen Organismen als Nahrung aufgenommen werden, und sie wird z.B. mit Sauerstoff in
geeigneter Form nach den Gesetzen der Thermodynamik freigesetzt. Die
Qualität und Nutzbarkeit verschiedener Energieformen nimmt beim Durch-
gang durch die Organismen beständig ab, obwohl die Gesamtenergie erhalten bleibt. Am Ende wird alle Energie durch geochemischen Abbau organischer Moleküle und industrieller Nutzung von Kohle, Erdgas und Erdöl zu
Wärmeenergie. Den Teil der Energie, der bei Umwandlungsprozessen als Wär-
me verlorengeht, bezeichnet man als Entropie. Da die meisten Prozesse
nicht umkehrbar, d.h. irreversibel sind, wird die Entropie unter Poten-

tialvernichtung vergrößert.

Die verfügbare Energie wird von photoautotrophen Organismen in ihren Photosynthese-Produkten bereitgestellt. Durch den biochemischen Abbau dieser Produkte erfolgt eine Umwandlung von qualitativ hochwertiger Energie unter Entropieerzeugung (positive Entropie) in entwertete Wärmeenergie. Um nicht in einem thermodynamischen Gleichgewichtszustand zu enden, in dem die biologische Ordnung zerfällt, muß negative Entropie zugeführt werden, da in einem abgeschlossenen System Entropie nicht vernichtet werden kann (2. Hauptsatz der Thermodynamik). Die einzige ergiebige Quelle von negativer Entropie, die zur Aufrechterhaltung von lebendigen Systemen zur Verfügung steht, ist die Anregungsenergie der Photosynthesepigmente und somit letztlich die Lichtquanten der extraterrestrischen Sonne.

Die Entropiegesetze nehmen auch auf die ökonomische und kulturelle Existenz des Menschen Einfluß. Die Ausbeutung der fossilen Brennstoffe führte zur Erzeugung entsprechender materieller und geistiger Kulturgüter unter gleichzeitiger positiver Entropievermehrung durch die Bildung von Abwärme und Abfall. Da die Grenze der positiven Entropiebelastung des Systems Erde nicht bekannt ist, sollte man sehr vorsichtig mit den noch vorhandenen freien Energievorräten umgehen, bis man das "Kapital" aus dem Weltraum (Sonnenenergie) vernünftig nutzen kann.

A.7. Isotopengeochemie des Kohlenstoffes.

Es gibt Elemente mit gleichen chemischen Eigenschaften, aber unterschiedlicher Masse. Bei diesen Isotopen handelt es sich um Atome, deren Kern zwar die gleiche Anzahl von Protonen enthält, aber verschieden in der Neutronenzahl ist. Man unterscheidet zwischen stabilen und instabilen (radioaktiven) Isotopen.

Der Kohlenstoff hat zwei stabile Isotope mit den Massen 12 (^{12}C) und 13 (^{13}C), die normalerweise in einem Verhältnis zueinander von 98,89% zu 1,11% stehen. Der Kohlenstoff der Biosphäre liegt in mehr reduzierter Form vor und steht mit dem oxidierten CO_2-Kohlenstoff der Geosphäre/Atmosphäre in Verbindung. Durch verschiedene Austauschreaktionen können kinetische Isotopieeffekte wirksam werden, die zu Isotopenfraktionierungen (zum leichteren ^{12}C oder zum schwereren ^{13}C) führen, die bis zu 100°/$_{oo}$ betragen können.

Die zwei großen Kohlenstoff-Reservoire, das organische Material und die Carbonate, haben eine unterschiedliche C-Isotopenzusammensetzung, weil

- durch kinetische Effekte während der Photosynthese das ^{12}C bevorzugt eingebaut wird und deshalb zu einer Anreicherung an ^{12}C-Kohlenstoff im organischen Material führt,

- ein chemischer Austauscheffekt des atmosphärischen CO_2, das als Hydrogencarbonat im Wasser gelöst wird, zu einer Anreicherung von ^{13}C im Bicarbonat führt.

Da nur die Differenzwerte interessieren, werden die Fraktionierungen in δ^{13}C (^{o}/$_{oo}$) gegen einen Standard (PDB-Standard, ein Carbonat der Pee-Dee-Formation in South-Carolina), gemessen,

$$\delta^{13}C = \left[\frac{(^{13}C/^{12}C)\text{Probe}}{(^{13}C/^{12}C)\text{Standard}} - 1 \right] \cdot 1000 \quad (^o/_{oo})$$

Marine Organismen sind normalerweise C-isotopisch schwerer als die Landpflanzen, da sie ihre organische Substanz aus unterschiedlichen CO_2-Reservoiren aufbauen. Ebenso ist eine Temperaturabhängigkeit vorhanden, da im warmen Wasser isotopisch schwereres organisches Material als in kaltem Wasser gebildet wird. Auch zeigen die verschiedenen Stoffklassen der Organismen unterschiedliche ^{13}C/^{12}C-Verhältnisse (Tabelle 3).

Tabelle 3. Kohlenstoff-Isotopen-Verhältnisse von Pflanzen und verschiedenen organischen Substanzen

MARIN	$- \delta^{13}C$	$[^o/_{oo}]$	TERRESTRISCH
Pflanzen	8 - 17	15 - 30	Pflanzen
Plankton	18 - 28		
Sulfatreduzierer	23 - 24		
chemoautotrophe Bakterien	34 - 37		
Lipide	18 - 32	29 - 32	Lipide
Humine	20 - 23	25 - 26	Humine
Proteine	17 - 19		
Kohlenhydrate	18 - 20		
Lignin	21 - 25	20 - 26	
Cellulose	20 - 24	21 - 26	Cellulose
Erdöle	22 - 29	22 - 27	Kohlen
Carbonate	-5 - 5	5 - 10	atmosph. CO_2

Neben den Kohlenstoff-Isotopen dienen auch noch die Messungen der sta-
bilen D/H-, $^{18}O/^{16}O$-, $^{15}N/^{14}N$- und $^{34}S/^{32}S$- Isotopen-Verhältnisse zur
Lösung von Problemstellungen, wie z.B. Korrelationsuntersuchungen über
die Herkunft und Abbau des organischen Materials, Abschätzung von Paläotemperaturen und Verfolgung der Elemente in entsprechenden Kreisläufen.

Teil B: Sedimentation und Akkumulation von organischem Material

Normalerweise wird organisches Material innerhalb des Kohlenstoff-Zyklus
durch die Dissimilation oder durch Sauerstoff-Oxidation wieder vollständig zu Kohlendioxid und Wasser mineralisiert. Bei der Einsedimentierung
kann sich dieser Vorgang durch den beschränkten Zutritt von molekularem
Sauerstoff soweit verlangsamen, daß eine teilweise Erhaltung von organischem Material möglich ist.

Im sedimentären Bereich wird die organische Substanz normalerweise fein
verteilt und zusammen mit den anorganischen Sedimentbildern abgelagert.
Neben authochthoner, d.h. in situ gebildeter organischer Substanz, gelangt auch allochthones Material (herangeführtes Material) zur Ablagerung. Die Transportwege sind nicht an ein bestimmtes Medium gebunden.
Im aquatischen Milieu und in der Luftfracht können dabei sehr große Ent-
fernungen zurückgelegt werden. In Sedimenten hingegen ist diese Beweg-
lichkeit stark reduziert und wird durch die Dynamik der Porenwässer festgelegt.

Organisches Material kann in partikulärer Form, sowie in kolloidalen
und echten Lösungen, sowohl adsorptiv an feste Partikel gebunden als
auch frei transportiert werden. Dies hängt von der Art der organischen
Substanz und den Transportmechanismen ab. Die Übergänge zwischen gelösten und partikulärem Material sind fließend; deshalb werden defini-
tionsgemäß alle Partikel, die einen Filter mit einem Porendurchmesser
von 0,5µm passieren können, zu dem gelösten Anteil gerechnet. Dadurch
gelangen alle lebenden und toten Organismen und ihre größeren Überreste
in die partikuläre Fraktion und einige Kolloide in den gelösten Teil.

B.1. Die Bildung von Sedimenten

Sedimente sind im Schwerefeld der Erde abgelagertes Material. Man unterscheidet klastische, chemische und biogene Ablagerungen. Eine Sedimentation erfolgt unter bestimmten geomorphologischen, physikalischen, biologischen und chemischen Bedingungen in den großen Faziesbereichen Festland, Süßwasser und Meer, die somit eine terrestrische, limnische und marine Ausbildung haben kann.

Die weit verbreiteten klastischen Sedimente stellen Gesteinsdetritus (Gesteinsbruchstücke) verschiedener Korngröße dar und werden demnach auch nach Korngrößen klassifiziert. Bei Kies beträgt der Korngrößendurchmesser 63-2mm; Sand 2-0.063 mm; Silt 0.063mm-2µm und Ton < 2µm. Frisch abgelagertes Lockermaterial hat bei Sanden eine Porosität von 40 bis 50%, bei Tonen dagegen 60 bis 80%. Eine diagenetische Verfestigung erfolgt durch die Abnahme des Porenraumes, die von einem Auspressen der Porenflüssigkeit begleitet ist.

Die chemischen Sedimente bilden sich durch Niederschläge aus wässrigen Lösungen. Verdunstung (oder Gefrieren von Wasser) bewirkt ein Überschreiten des Löslichkeitsproduktes und Ausfällen der gelösten Salze. Bei den als Evaporite (Evaporate) zu bezeichnenden Eindampfungssedimenten werden die schwerer löslichen Salze zuerst ausgefällt, so daß sich oft eine regelrechte Ausscheidungsfolge vom Anhydrit und Gips, Steinsalz, bis zu Kali- und Magnesiumsalzen ergibt. Limnische Kalkfällungen (Seekreide) werden in der Regel von Organismen verursacht, während eine anorganische Kalkfällung durch Übersättigung des Meerwassers zu kegelförmigen Ooiden führt.

Als weitere wichtige Gruppe der Sedimentgesteine sind die biogenen Sedimente anzusehen, deren Ablagerung unter wesentlicher Beteiligung pflanzlicher und tierischer Organismen erfolgt. Allerdings lassen sich die organogene und chemische Sedimentation vielfach nicht streng voneinander trennen; ebenso sind oft klastische Komponenten daran beteiligt. Biogene Kalke sind zum großen Teil auf Foraminiferen (Protozoen) zurückzuführen. Kalk- und Kieselalgen können mit den Korallen zu Riffbildungen beitragen.

B.2. Organisches Material in aquatischen Systemen

Das organische Material in Ozeanen, Seen und Flüssen kann je nach den Transportverhältnissen im Wasser zu sehr unterschiedlichen Anteilen authochthoner oder allochthoner Herkunft sein. Etwa 10% des organischen Kohlenstoffes ist in Seen und strudelfreien Flüssen, in schnellfließenden Gewässern dagegen bis zu 60% partikulärer Natur. Offene Ozeane beinhalten etwa 0.5 bis 1.2 mg organischen Kohlenstoff pro Liter Wasser, in Sümpfen steigt dieser Wert auf über 50 mg/l. Innerhalb einer Wassersäule erfolgt im oberen Bereich, je nach den Lichtverhältnissen, durch die Photosynthese des Phytoplanktons der Aufbau organischer Substanz, so daß in der Nähe der Wasseroberfläche 20-200 µg partikulärer Kohlenstoff pro Liter (Atlantik und Pazifik: 20-100 µg C/l) anzutreffen ist. Dieser Betrag sinkt in den tieferen Wasserschichten auf 10-60 µg C/l.

Bei der Synthese des organischen Materials werden durch pflanzliche und tierische Organismen extrazelluläre Stoffe freigesetzt, die etwa 15 bis 35% des gelösten Kohlenstoffes darstellen. Nach dem Absterben der Biomasse werden durch die Permeabilitätsänderungen der Zellwände und durch die Tätigkeit autolytischer Enzyme lösliche organische Stoffe freigesetzt, die 15 bis 20% der gesamten Biomasse betragen können. Diese Stoffe können zusammen mit dem Phytoplankton und dem verwertbaren allochthonen Eintrag durch die Sekundärproduzenten weitgehend verwertet werden, (Abb. 3.).

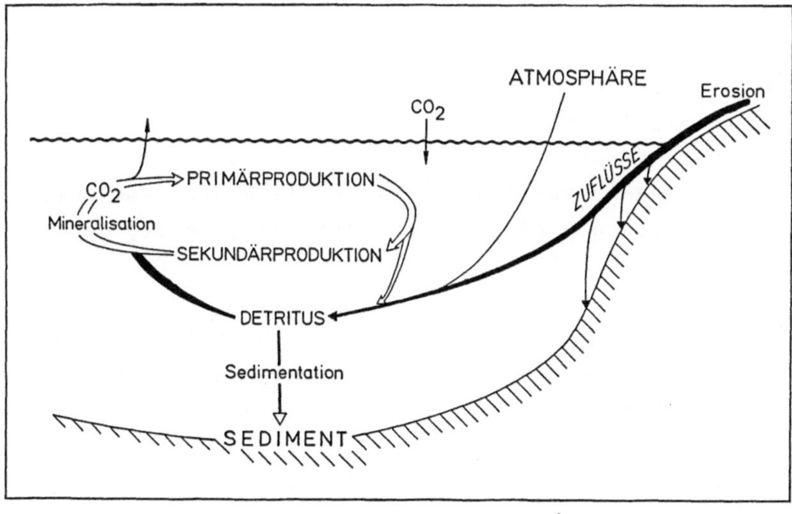

Abb. 3. Schematische Darstellung über den Verbleib des organischen Materials in aquatischem Milieu

Aus dieser euphotischen Zone von 0 bis 500 Metern kann organisches Material in den sogenannten Detritus gelangen, der aus Resten und Ausscheidungsprodukten unterschiedlicher Art und Herkunft besteht. Der partikuläre Teil setzt sich neben pflanzlichen und tierischen Überresten und Exkretionen aus organischen und anorganischen Aggregaten zusammen. Ein Zusammenhalt wird über eine gelatineähnliche Matrix gewährleistet, die in tieferen Wasserhorizonten von Bakterien besetzt ist. In der Wassersäule werden beim biologischen Abbau die proteinreichen Aggregate schneller zerlegt als die Kohlenhydrate, wodurch das an der Wasseroberfläche herrschende Kohlenstoff zu Stickstoff-Verhältnis von 5 bis 8 in den tieferen Bereichen auf 10 bis 12 ansteigt. Die lipidreichen Stoffe werden somit bevorzugt erhalten.

Organisches Material gelangt auch durch Zuflüsse und durch atmosphärischen Eintrag in aquatische Systeme. Dieser allochthone Eintrag setzt sich aus der frisch gebildeten (rezenten) organischen und der fossilen Substanz zusammen, die infolge von Erosionsvorgängen abgetragen und eingetragen wird. In großen Wasserkörpern ist das organische Material größtenteils autochthoner Natur, während bei kleinen Seen der terrestrische Einfluß groß ist, da sie verhältnismäßig große Ufersäume besitzen. Ähnliches gilt auch für Seen mit großen Zuflüssen und den Deltagebieten der Meere.

Nach einem langsamen Absinken, bei dem die größeren Partikel durch ihre höhere Sinkgeschwindigkeit eine bessere Überlebenschance haben, gelangt der organische Detritus schließlich an die Sedimentoberfläche. Der organische Detritus wird nicht gleichmäßig auf dem Sedimentboden verteilt, es erfolgt vielmehr eine Sortierung unter den entsprechenden hydrodynamischen Verhältnissen. Terrestrische Pflanzenreste werden zusammen mit gröberen Sedimentanteilen abgelagert. Lipidstoffe werden von der tonigen Sedimentfraktion adsorbiert und mit ihr zusammen absedimentiert. Den Sedimentbewohnern dient der organische Detritus als Nahrungsmittel, wobei je nach Lebensbedingungen nur ein kleiner Rest übrigbleibt, der in das Sediment eingebettet wird.

In aquatischen Systemen erfolgt ein Sauerstoffzutritt in gelöster Form und somit nur in beschränktem Maße. Die Möglichkeit des Sauerstoffzutritts hat aber einen entscheidenden Einfluß auf die Erhaltung des organischen Materials. Anoxische Verhältnisse in der Wassersäule und im Sediment bewirken eine hohe Erhaltungsrate, da ein weiterer Abbau durch anaerobe Bakterien nur noch langsam erfolgen kann.

Feinklastische Sedimente mit hohem Gehalt an organischem Material gelangen bevorzugt unter Sauerstoffabschluß und bilden einen Faulschlamm (Sapropel), da ihr Sauerstoffverbrauch hoch und seine Diffusion in das Sediment langsam ist. Sulfatreduzierende Anaerobier stabilisieren das "lebensfeindliche" Milieu durch die Produktion von toxischem Schwefelwasserstoff. Ein Sediment mit zeitweiligem Sauerstoffzutritt führt zur Gyttja, einem Halb-Faulschlamm. Eine Verlandung, Vertorfung und Überdeckung dieses aquatischen Faziesbereiches bildet eine Voraussetzung für entsprechende organogene sedimentäre Lagerstätten wie die der Kohlenflöze.

B.3. Terrestrische Ablagerungen

Verwitterungsprozesse an den an die Erdoberfläche gelangten Gesteinen lassen die als Böden zu bezeichnenden Lockerdecken entstehen. Die Böden setzen sich aus dem Lockergestein, den durch chemische Verwitterung der Silikatgesteine entstandenen Tonmineralen und den Humus (Humuskörper) zusammen. Auf und in den Böden besteht der Huminkörper als abgestorbene organische Substanz aus unzersetzten Rückständen der Organismen und den dunkel gefärbten, hochmolekularen Huminstoffen. Die Huminstoffe sind Sorptionsträger für Kationen und Pflanzennährstoffe, die für die Bodenfruchtbarkeit wichtig sind. Organische Ausgangsstoffe sind die von den grünen Pflanzen stets neu produzierten Sproßorgane, wie Blätter, Nadeln und Zweige. Nach dem Abstoßen gelangen sie auf den Boden und werden von der Bodenfauna mechanisch zerkleinert und von den Mikroorganismen zersetzt. Die Abbaugeschwindigkeit ist weitgehend von der Art der Ausgangssubstanz abhängig. Stickstoffreiche Substanzen werden schnell abgebaut. Hohe Gehalte an Lignin und Cellulose behindern eine Zersetzung ebenso wie Gerbstoffe.

Moore bilden sich in einem humiden Klima und entstehen aus subaquatischen Ablagerungen unvollständig zersetzter Pflanzensubstanz (Torf). Bei langsam absinkendem Untergrund oder Steigen des Grundwasserspiegels erfolgt ein Nachwachsen der Vegetation auf der abgestorbenen Pflanzendecke, die unter den vorherrschenden anaeroben Bedingungen nur einem langsamen mikrobiellen Abbau unterliegt. Die Niedermoore kommen auf nährstoffreichen Böden vor oder entstehen bei der Verlandung eutropher Gewässer und tragen eine üppige Vegetation von Gräsern, Kräutern und Sträuchern. Aus den Niedermooren können über verschiedene Übergangsstadien durch weiteres Aufwachsen die Hochmoore entstehen, die oberhalb vom Grundwasser wachsen und von ihm unabhängig sind. Aufgrund der ombrogenen und oligotrophen Verhältnisse ist die Vegetation artenarm, wobei die Torfmoose (Sphagnum) vorherrschend sind.

Die abgestorbene Pflanzensubstanz wird je nach Ablagerungsbedingungen
biogeochemisch unterschiedlich stark zu den Torfen aufgearbeitet (humi-
fiziert). Zwischen den stark humifizierten Schwarztorfen (nährstoffreich
und schwach sauer) und den schwach humifizierten Weißtorfen (stark sauer)
sind alle Übergänge erkennbar. Bei der Humifizierung erfolgt durch niede-
re Tiere, Pilze und Bakterien ein rascher aerober Abbau der Proteine,
Cellulosen und Hemicellulosen und einiger Lipidstoffe. Wesentlich langsamer wird das Lignin abgebaut. Die Abbaustoffe aus Pflanzen und Mikroorganismen rekombinieren miteinander und ergeben nach einer Reihe von
Reaktionsfolgen kolloidale Humusstoffe. Wachse und Harze nehmen an einer
Humusbildung praktisch nicht teil.

Die Torfbildung ist durch ein dynamisches Gleichgewicht zwischen dem
Pflanzenwachstum an der Mooroberfläche und der biochemischen Zersetzung
der abgestorbenen Pflanzendecke gekennzeichnet. Wenn der Untergrund in der
gleichen Weise absinkt wie die Torfdecke zunimmt, entstehen aufgrund des
sich einstellenden biotektonischen Gleichgewichtes Torflagen von großer
Mächtigkeit. Bei einem weiteren Absinken und Sedimentüberdeckung wird
aus Torf in erster Linie durch ein Auspressen des Wassers die Braunkohle
in ihren verschiedenen Erscheinungsformen gebildet. Durch die zunehmende
geothermische Erwärmung bei einer tieferen Versenkung werden chemisch
verändernde Inkohlungsprozesse in Gang gesetzt, die je nach der maximalen Versenkung aus den Braunkohlen die Steinkohlen mit ihren unterschiedlichen Inkohlungsgraden entstehen lassen.

Teil C: Diagenese des organischen Materials

Die organische Geochemie befaßt sich mit der Umwandlung organischer Produkte in der Geosphäre durch physikalische, chemische und biologische Prozesse (Diagenese). Die meisten der Ausgangsstoffe sind durch die Biosynthese mit Hilfe der Sonnenenergie entstanden und besitzen einen hohen Energieinhalt, verbunden mit einer geringen thermodynamischen Stabilität. Im Verlaufe der Diagenese erfahren sie eine thermodynamische Stabilisierung, die nach einem Übergangsstadium mit extrem struktureller Vielfalt zu vereinfachten stabilen Verbindungen führt. Letztlich stellt die Diagenese ein Zwischenstadium von Kohlenstoff-Verbindungen mit einer hochgradigen biochemischen Ordnung zu einer noch größeren kristallographischen Ordnung des Kohlenstoffes im Endprodukt Graphit dar. Im Laufe der letzten Jahre hat die organische Geochemie aufgrund vorstellungsmäßiger und analytischer Fortschritte das außerordentlich komplizierte Spektrum des sedimentären organischen Materials erkennbar machen können. Die Kenntnis der Struktur und Konzentration dieser durch diagenetische Vorgänge gebildeten Verbindungen ist nicht nur im Hinblick auf ihre möglichen biologischen Auswirkungen wichtig, sondern auch für die Nutzbarmachung der fossilen Brennstoffe Kohle, Erdgas und Erdöl außerordentlich hilfreich.

C.1. Biogeochemischer Abbau

Der Abbau des organischen Materials findet im wesentlichen in Böden, Wasser und aquatischen Sedimenten statt und wird von einer Vielzahl von Organismen (Edaphon) geleistet. Die mikrobiellen Organismen sind wegen des großen Umfanges ihrer Tätigkeit von größter Bedeutung. Unter den Mikroorganismen spielen die Bakterien durch ihre Vielzahl und Verschiedenartigkeit eine überragende Rolle und sind besonders an sauerstoffarmen Standorten nahezu allein für den biochemischen Abbau verantwortlich. Die häufigsten Bakteriengattungen sind Pseudomonas, Arthrobacter, Clostridium, Achromobacter, Bacillus, Micrococcus und Flavobakterium. Hinzu kommen noch die einzelligen und mycelbildenden Actinomyceten, Streptomyces und Norcardia, die vor allem für den Abbau resistenten organischen Materials, wie Lignin und Chitin, verantwortlich sind. Als dritte pflanzliche Gruppe wären noch die Pilze zu nennen. Besonders die Basidomyceten sind in der Lage, das Lignin des Holzes zu zersetzen. Eine wichtige Vorarbeit für den Abbau geschieht durch die mechanische Zerkleinerung, die von der Boden- und Sedimentfauna geleistet wird.

Die Aktivitäten der Mikroorganismen beschränken sich normalerweise auf die oberen Sedimentmeter und nehmen mit zunehmender Teufe rasch ab. Da im Sediment das Licht für die Photosynthese fehlt, wird der Abbau von reduziertem Kohlenstoff (organisches Material) auf dem Wege der Veratmung (Dissimilation) zur Energie-Gewinnung herangezogen. Eine Besonderheit stellt die im sedimentären Bereich weitverbreitete Reduktion von Kohlendioxid zu Methan durch methanogene Bakterien dar. Unter Sauerstoffzutritt (aerobe Bedingungen) ist die aerobe Dissimilation (Respiration) beim Abbau der organischen Substanz vorherrschend und führt zu den Endprodukten Kohlendioxid und Wasser (Abb. 4). Dabei müssen die Substratmoleküle noch funktionelle Gruppen enthalten. Deshalb erfolgt z.B. ein mikrobieller Abbau von Kohlenwasserstoffen nur dann, wenn molekularer Sauerstoff vorhanden ist, der mit Hilfe von Enzymkomplexen in Form von funktionellen Gruppen in die Kohlenwasserstoff-Moleküle eingeführt werden kann.

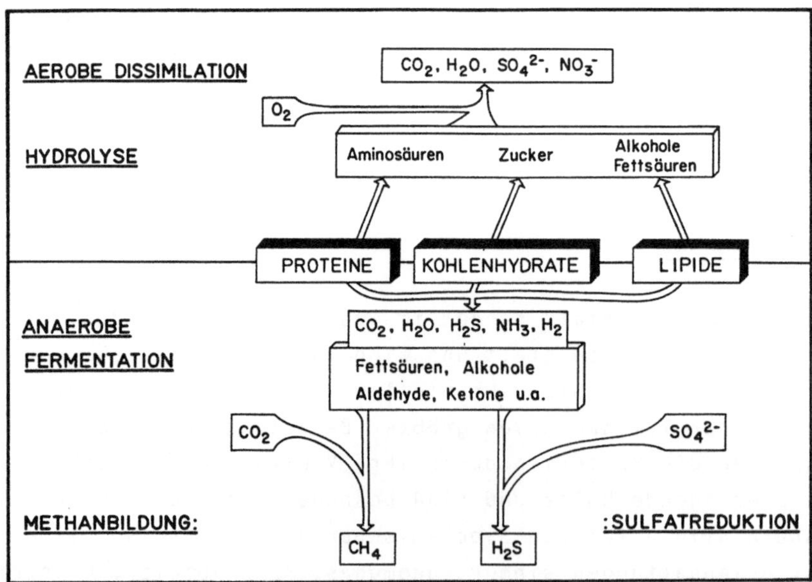

Abb. 4. Biologischer Abbau von organischer Substanz

In Wassersäulen und feinkörnigen Sedimenten mit beschränktem Wasseraus-
tausch stellen sich durch den Sauerstoffverbrauch und seiner beschränkten Nachlieferung rasch reduzierende und anaerobe Bedingungen ein. Der
fehlende Sauerstoff initiiert ein mikrobielles Ökosystem, in dem das organische Material durch eine anaerobe Dissimilation und Atmung abgebaut
wird. Zuerst werden durch fermentative Hydrolyseprozesse der primären
Anaerobier die Proteine, Lipide und Polysaccharide in niedermolekulare
Carbonsäuren, Alkohole, Aldehyde und Ketone, unter gleichzeitiger Bildung von CO_2, H_2 und H_2O umgewandelt. Diese Metabolite werden von den
sulfatreduzierenden und methanproduzierenden Bakterien ("sekundäre
Anaerobier") als Substrate benutzt. Dabei übernehmen das Sulfat (und
Nitrat) und Kohlendioxid in der anaeroben Atmung die Funktion des Was-
serstoffakzeptors und werden dabei zu Schwefelwasserstoff (Stickstoff)
und Methan umgewandelt:

$$2R[CH_2OH] + SO_4^{2-} \longrightarrow H_2S + 2CO_2 + 2H_2O + 2R \quad \text{(Sulfatreduktion)}$$

$$4H_2 + CO_2 \longrightarrow CH_4 + 2H_2O$$
$$\text{(Methanogenese)}$$
$$CH_3COOH \longrightarrow CH_4 + CO_2$$

Methanbildende Bakterien sind Archaebakterien, die sich von den "normalen" Eubakterien durch den unterschiedlichen Aufbau ihrer Zellwand unterscheiden. Etwa die Hälfte des auf anaerobem Wege abgebauten organischen
Kohlenstoffes wird dabei in Methan umgewandelt. Der geringe Gehalt an
atmosphärischem Methan rührt daher, daß es durch die im sedimentären Bereich beheimateten methanotrophen Bakterien wieder zu CO_2 oxidiert wird.

In einem natürlichen anaeroben Ökosystem werden niedrigmolekulare Verbindungen gleichzeitig gebildet und abgebaut, wobei die genannten Substrate sich unter günstigen Umständen im Sediment als Zwischenprodukt
akkumulieren können. Daneben bleiben noch die schlecht abbaubaren organischen Reste der pflanzlichen Ausgangssubstanz sowie die Überreste der
zuletzt aktiven Bakterien erhalten. Das Ende der bakteriellen Aktivität
im Sediment erfolgt nicht abrupt, sondern wird von dem Vorkommen an abbaubaren Stoffen (Nährstoffen) und der Temperatur gesteuert. Sulfatreduktion und Methanbildung ist auch noch in mehreren hundert Metern Sedimentteufe möglich.

Unter den schwer abbaubaren Naturstoffen nehmen die Kohlenhydrate, Lignin, Chitin und Kohlenwasserstoffe (Methan) aufgrund ihrer mengenmäßigen Verbreitung eine besondere Stellung ein. Kohlenhydrate (Cellulose, Xylane, Stärke) sind Grundbestandteile der pflanzlichen Substanz und ihre mengenmäßige Produktion übersteigt die aller anderen Naturstoffe. Kohlenhydrate und Chitin werden unter aeroben Bedingungen von Pilzen, Myxo- und Eubakterien, unter anaeroben Bedingungen von Clostridien abgebaut und verwertet. Dabei erfolgt eine Hydrolyse durch Exoenzyme in dimere und monomere Bausteine (Glucose bzw. Glucosamine).

Lignin ist als Bestandteil des Holzes weit verbreitet und gilt als das pflanzliche Massenprodukt mit uneinheitlicher chemischer Struktur, das biologisch am langsamsten abbaubar ist. Es unterliegt lediglich einem mikrobiellen Abbau durch Pilze (Basidiomyceten) und Bakterien und ist die Hauptquelle der Huminstoffe in Böden.

Der Abbau von Kohlenwasserstoffen, insbesondere das durch Methanogenese in großen Mengen verfügbare Methan, erfolgt nur unter aeroben Bedingungen, wobei von Hefen bevorzugt die höheren aliphatischen Kohlenwasserstoffe oxidiert werden.

C.2. Organische Substanzen in rezenten Sedimenten

Das organische Material in der Geosphäre liegt in zwei verschiedenen Erscheinungsformen vor. Neben der in Wasser und organischen Lösungsmitteln (z.B. Benzol) unlöslichen partikulären organischen Substanz (z.B. Zellreste), ist das in organischen Lösungsmitteln lösliche organische Material (LOM) von besonderem Interesse.
Im Gegensatz zu dem aquatischen Milieu liegt im sedimentären Bereich die lösliche organische Substanz nicht frei vor, sondern ist an die sie umgebenden anorganischen (und organischen) Sedimentbildner gebunden. Nur einige gut wasserlösliche organische Substanzen wie Zucker, Nuclein- und Aminosäuren, können frei im Porenraum existieren. Deshalb tritt schon in den oberen Sedimentbereichen eine Selektion des löslichen organischen Materials ein:

- Wasserlösliche organische Substanzen werden leicht mit dem Porenwasserstrom (nach oben) abtransportiert und veratmet.

- Die lipophilen (hydrophoben) Verbindungen hingegen bleiben an der Mineralmatrix adsorbiert und haben eine um so größere Erhaltungschance, je rascher sie aus der biologisch aktiven Zone in größere Sedimentteufen gelangen.

- Kohlenwasserstoffe können nur aerob in nennenswerten Mengen abgebaut
  werden. Sie werden also bevorzugt erhalten.

- Sehr reaktionsfähige organische Substanzen sind in der Lage, mit den
  am partikulären (organischen) Material sitzenden funktionellen Gruppen
  zu reagieren.

- Schließlich können die organischen Moleküle durch diagenetische Prozesse, z.B. Entfernung funktioneller Gruppen in stabile Verbindungen
  (Kohlenwasserstoffe) überführt werden.

Durch die genannten Prozesse wird das ursprüngliche organische Material
auf seinem Wege vom Organismus in das abgelagerte Sediment stark verändert. Im Sediment reichern sich bevorzugt die lipophilen, d.h. die wenig
wasserlöslichen Stoffe an und bleiben erhalten. Neben den biogenen, in
Organismen auftretenden Molekülen, findet man auch durch die Diagenese
veränderten Moleküle, die im sedimentären Milieu neu auftreten.

C.2.1. Lipidähnliche Stoffe

Unter lipidähnlichen (fettähnlichen) Substanzen werden alle Verbindungen
zusammengefaßt, die, ähnlich wie die Fette, in bestimmten organischen
Lösungsmitteln gut - nicht aber in Wasser - löslich sind. Es sind die
Lösungsmittel, die auch mit Wasser nicht mischbar sind. Dazu gehören
Benzin, Ether und die chlorierten Kohlenwasserstoffe.

Zu den Lipidstoffen zählt man neben den Fetten, Ölen, Wachsen auch die
Einzelbausteine der genannnten Stoffgruppen wie langkettige Alkohole und
Carbonsäuren. Daneben gehören auch die Kohlenwasserstoffe und andere Verbindungen dazu, die aufgrund ihres wasserstoffreichen Kohlenstoffgerüstes
ebenfalls hydrophob sind. Die lipidähnlichen Stoffe besitzen eine große
geochemische Bedeutung.

C.2.1.1. Kohlenwasserstoffe

Kohlenwasserstoffe sind chemisch sehr einfach aufgebaut, denn sie bestehen nur aus den Elementen Kohlenstoff und Wasserstoff. Alle freien Bindungen der vierwertigen Kohlenstoffatome sind mit den einwertigen Wasser-
stoffatomen abgesättigt. Der Kohlenstoff kann sich mit sich selbst verbinden und Ketten bilden, die unverzweigt (normal) sein können:

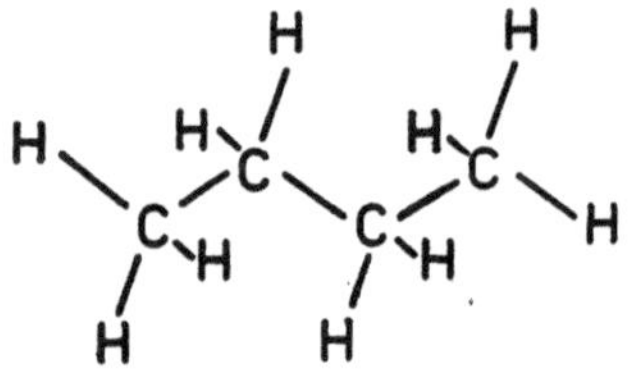

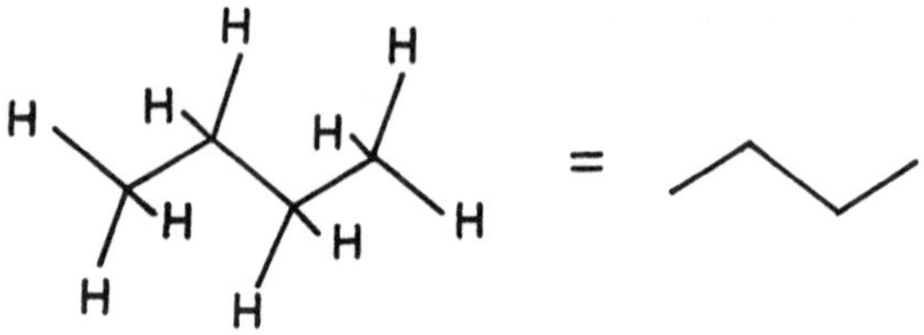

normal-Butan (n-Butan)
(C_4H_{10})

Ab vier C-Atomen kann eine Kette mit Verzweigungen aufgebaut werden:

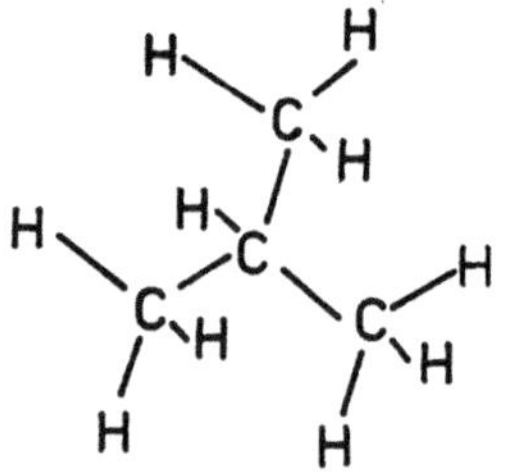

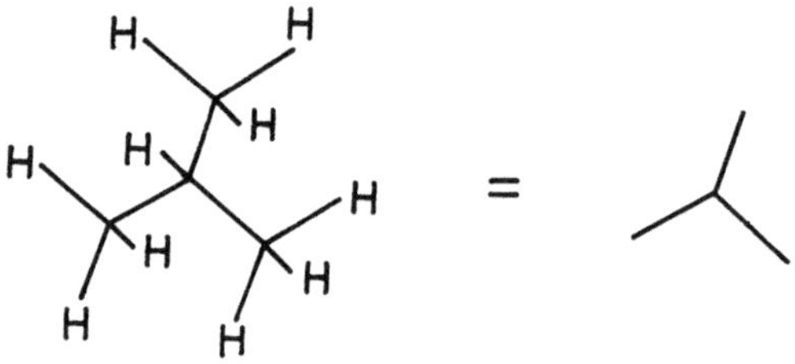

iso-Butan (i-Butan)
(C_4H_{10})

Die Kohlenstoff-Kohlenstoff-Bindungen haben eine Raumrichtung und sind
- die vorangegangene Darstellungsweise deutet dies an - bei C-C-Einfachbindungen tetraedrisch ausgerichtet. Deshalb werden ab C-Gerüsten mit
5 und mehr Kohlenstoffen zwanglos C-Ringe zu den alicyclischen Kohlenwasserstoffen gebildet, wobei der Cyclohexanring nicht mehr eben ist:

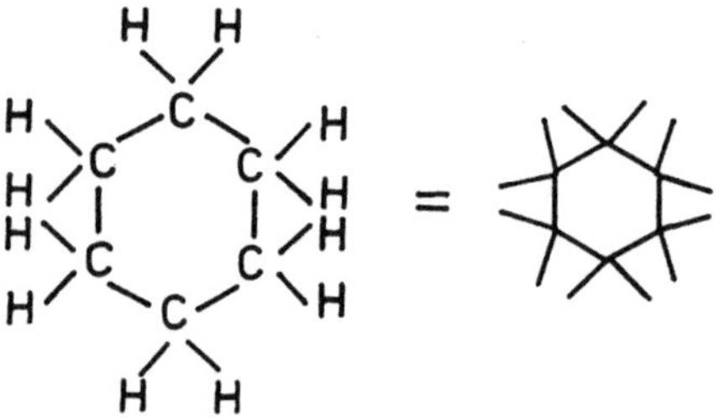

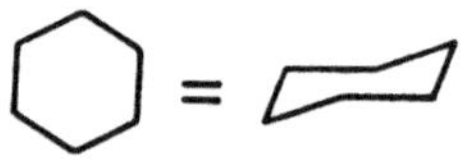

Cyclohexan
(C_6H_{12})

Cyclohexan

Bei C-C-Einfachbindungen tragen die Kohlenstoffe die maximale Anzahl von
Wasserstoffen. Man spricht deshalb von gesättigten Kohlenwasserstoffen
(Alkanen oder Paraffinen). Zwischen einer C-C-Bindung in einer C-C-Dop-
pelbindung werden zwei Bindungsäquivalente benötigt. Man erhält mit der
trigonal ausgerichteten C-C-Bindung einen ungesättigten Kohlenwasserstoff, (Alken oder Olefin), der zwei Wasserstoffatome weniger als der
gesättigte Vertreter hat:

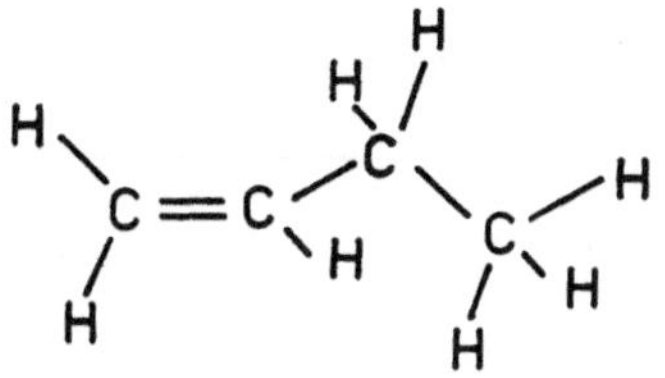

n-Buten   oder   n-Buten

(C_4H_8)

Bei alicyclischen Kohlenwasserstoffen, wie im Falle des Cyclohexans führt
die Einführung von drei C-C-Doppelbindungen zu der neuen Stoffklasse der
aromatischen Kohlenwasserstoffe (Aromaten), deren Ringsysteme eben aufgebaut sind:

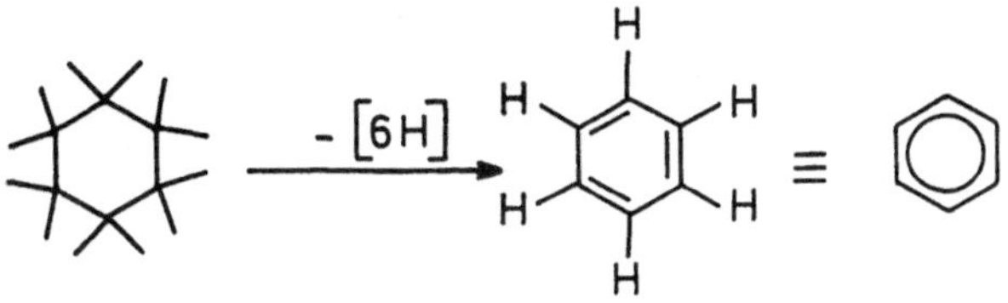

Cyclohexan   Benzol

(C_6H_{12}) (C_6H_6)

Die Kohlenwasserstoffe stellen im chemischen Sinne Endprodukte von Hy-
drierungs- bzw. Dehydrierungsprozessen (Aromatisierungen) dar und sind
chemisch und thermisch außerordentlich stabile Verbindungen.

<u>Aliphatische Kohlenwasserstoffe:</u>

Kohlenwasserstoffe sind flüchtige Verbindungen und haben niedrigere
Siede- bzw. Schmelzpunkte als andere organische Verbindungen vergleichbaren Molekulargewichtes (Tabelle 4):

Tabelle 4. Siede- und Schmelzpunkte von n-Alkanen unter Normalbedingungen

KOHLENWASSERSTOFFE	SCHMELZPUNKT [°C]	SIEDEPUNKT [°C]
Methan, CH_4	- 184	- 164
Ethan, C_2H_6	- 172	- 89
Propan, C_3H_8	- 190	- 42
Butan, C_4H_{10}	- 135	- 0,5
Pentan, C_5H_{12}	- 129	36
Heptadecan, $C_{17}H_{36}$	22	303
Octadecan, $C_{18}H_{38}$	28	317
Tetracontan, $C_{40}H_{82}$	81	

Deshalb sind unter Normalbedingungen die C_1 bis C_4-Alkane gasförmig,
die C_5 bis C_{17} -Verbindungen flüssig und ab C_{18} fest.

Enthalten organische Verbindungen außer den Elementen Kohlenstoff und
Wasserstoff noch andere Atome, so spricht man von Heterokomponenten. Als
Heteroatome kommen in erster Linie Sauerstoff, Stickstoff und Schwefel
in Frage. Durch ihre Einführung in das Kohlenstoffgerüst treten zwar fundamentale Änderungen im chemischen Verhalten ein, es ändert sich aber
insgesamt nicht viel an dem Aufbau der Kohlenstoffgerüste. Deshalb nennt
man die verzweigten und unverzweigten Ketten aliphatische Verbindungen,
und die Ringsysteme werden in alicyclische, aromatische und, falls sie
Heteroatome im Ring eingebaut haben, in heterocyclische Verbindungen
unterteilt.

In pflanzlichen Organismen kommen die aliphatischen Kohlenwasserstoffe mit langkettigen, unverzweigten Kohlenstoffketten vor, wobei die ungeradzahligen n-Alkane bei weitem überwiegen, weil sie biochemisch von geradzahligen Carbonsäuren abstammen.

Unterschiede in dem Vorkommen und der Verteilung der n-Alkane bestehen zwischen aquatischen Organismen und den höheren Landpflanzen. Höhere Landpflanzen schützen sich durch hydrophobe Cuticulen u.a. vor der Gefahr des Austrocknens. Deshalb kommen in den Cutikulen n-Alkane vor, die zwischen n-C_{23} und n-C_{33} liegen. Demzufolge findet man in rezenten terrestrischen Sedimenten eben diese n-Alkane mit dem gleichen Verteilungsmuster wieder, das aus Abb. 5 ersichtlich ist.

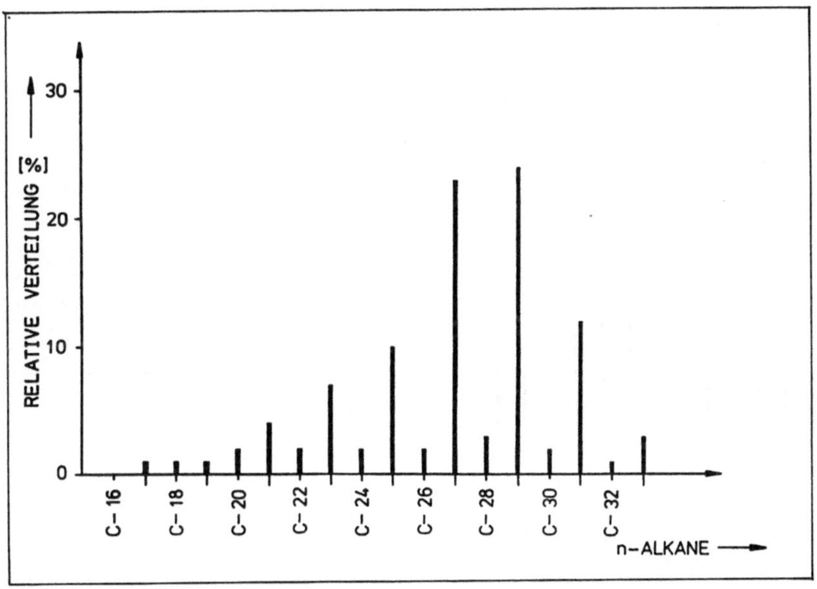

Abb. 5. n-Alkanverteilung eines Bachsedimentes

Dies gilt auch für Schwebstoffe und Bodenfracht aus Gewässersystemen, (Bäche, Flüsse und kleine Seen), die einen großen Einzugsbereich von terrestrischem Detritus haben (Abb. 5.).

Bei größeren Seen und im marinen Bereich gewinnt auch der Anteil der von aquatischen Organismen erzeugten Kohlenwasserstoffe an Einfluß. Phytoplankton bildet bevorzugt n-Alkane mit 15, 17, 19 und 21 C-Atomen, wobei der n-C_{17} Kohlenwasserstoff in den meisten photosynthetischen Algen und Bakterien dominant ist.

Man kann deshalb davon ausgehen, daß n-C_{17} als Indikator für die Anwesenheit von autochthonem, organischen Material aus Algen bzw. Bakterien
herangezogen werden kann. Einige Bakterien synthetisieren aber auch etwa gleiche Mengen an gerad- und ungeradzahligen n-Alkanen zwischen n-
C_{25} und n-C_{32}. In Hydrophyta (Wasserpflanzen) und Phaeophyceae (Braun-
algen) dominieren wiederum die ungeradzahligen n-Alkane zwischen n-C_{21}
und n-C_{31}.

Aufgrund der Vielfältigkeit von aquatischen Organismen im Zusammenspiel
mit dem allochthonen terrestrischen Eintrag erhält man aus aquatischen
Sedimenten eine meist bimodale n-Alkan-Verteilung, wie sie in Abb. 6
exemplarisch dargestellt ist.

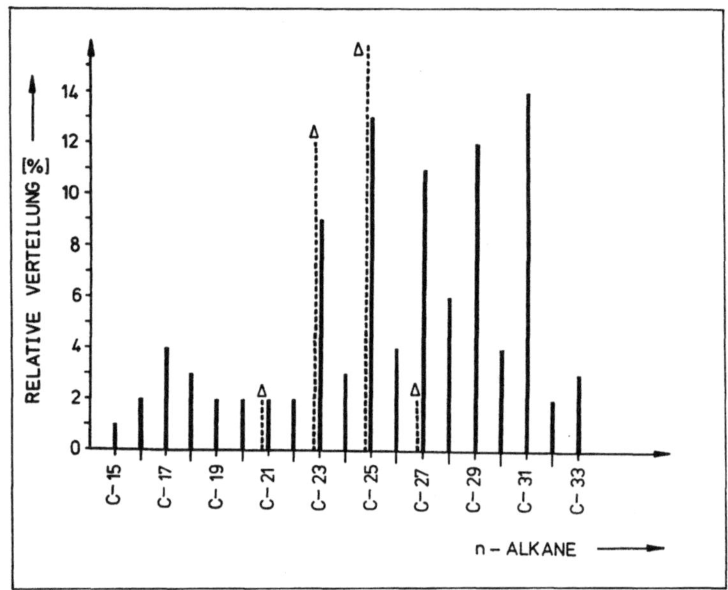

Abb. 6. n-Alkanverteilung von aquatischen Sedimenten. Mit Δ sind die
entsprechenden Alkene bezeichnet.

Daneben findet man noch entsprechende olefinische Kohlenwasserstoffe
(hauptsächlich Alkene) vom Typ $C_{23}H_{46}$, $C_{25}H_{50}$ und $C_{27}H_{54}$, die von Frisch-
wasseralgen (z.B. Botryococcus braunii) abstammen. In tieferliegenden
Sedimentabschnitten sind jedoch die Alkene und andere ungesättigte Kohlenwasserstoffe nicht mehr anzutreffen.

Der Anteil an n-Alkanen in rezenten Sedimenten, bezogen auf das Trockengewicht, kann außerordentlich schwanken. In Waldböden wie in Frischwasser-
sedimenten liegt er um 200 ppm. Unverschmutzte Seen enthalten je nach
Größe und Belüftung zwischen 5 bis 300 ppm. Bei verschmutzten Partien
kann der Anteil bis über 1000 ppm steigen. In unverschmutzten Küsten-
regionen liegen die n-Alkangehalte nur bei 0,01 bis 5 ppm.

Verzweigte (z.B. iso- und anteiso-Alkane) und cyclische Kohlenwasserstoffe findet man in rezenten Sedimenten nur in geringen Mengen. Der Iso-
prenoid-Kohlenwasserstoff Pristan ist dagegen in marinen Sedimenten weit
verbreitet, wobei manchmal auch Spuren des korrespondierenden Phytans
vorkommen.

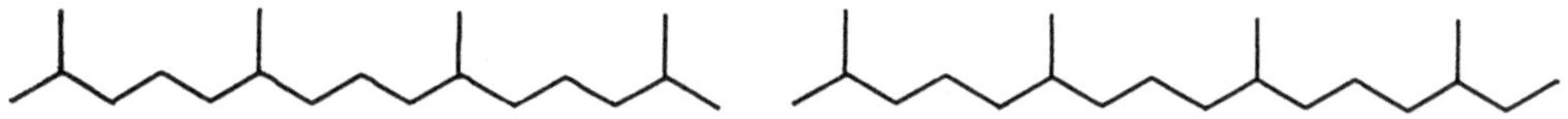

Pristan
$C_{19}H_{40}$

Phytan
$C_{20}H_{42}$

Als Vorläufer des Pristans und Phytans ist das Phytol anzusehen, das in
photosynthetischen Pflanzen als Seitenkettenalkohol des Chlorophylls
eine der meisten synthetisierten Substanzen ist. Pristan ist in Meeres-
tieren, besonders in den Copepoden Calanus, zu finden. Die Ausgangssubstanz Chlorophyll wird mit der phytoplanktonischen Nahrung aufgenommen.
Nach einer Abspaltung vom Chlorophyll wird das freigewordene Phytol über
mehrere Schritte biochemisch in Pristan umgewandelt.
Im pflanzlichen terrestrischen Detritus findet man dagegen verschiedene
Phytadiene (enthalten zwei Doppelbindungen), die durch Dehydratisierung
von Phytol entstanden sind. Terrestrische Böden enthalten dagegen keine
Phytadiene mehr. Man kann annehmen, daß die olefinischen Kohlenwasserstoffe nicht sehr beständig sind und durch Hydrierungsprozesse in die
entsprechenden Alkane umgewandelt werden oder durch Kondensationsreaktionen verschwinden. Ein Hinweis darauf ist die gekoppelte Existenz von Phytadi-
enen und pflanzlichen Antioxydantien (z.B. Tocopherole) in verrottendem
Pflanzenmaterial, die die reaktiven Doppelbindungen schützen. Die rot
bis gelb gefärbten Extrakte aus rezenten Sedimenten werden von den caro-
tinoiden Pigmenten verursacht; es sind weit verbreitete hydrophobe Pflan-
zenfarbstoffe. Dazu gehören die orangefarbenen Polyen-Kohlenwasserstoffe
vom Carotintyp (z.B. ß-Carotin) und die mit funktionellen Gruppen ver-
sehenen gelben Xanthophylle (z,B. Zeaxanthin).

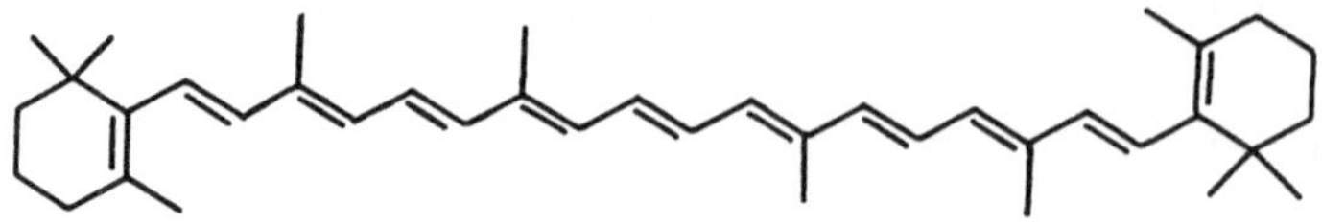

β-Carotin

In tieferen Sedimentabschnitten findet man normalerweise keine Diageneseprodukte der Carotinoide. Wahrscheinlich werden sie unter Verlust ihres
ursprünglichen Kohlenstoffskeletts abgebaut.

Alicyclische Kohlenwasserstoffe - abgesehen von speziellen pentacyclischen Triterpenen - sind in autochthonen rezenten Sedimenten kaum zu
finden.

<u>Polycyclische aromatische Kohlenwasserstoffe:</u>

Polycyclische aromatische Kohlenwasserstoffe (PAK) enthalten drei und
mehr aneinander kondensierte aromatische Ringsysteme. Obwohl sie nach
heutiger Kenntnis in Organismen nicht gebildet werden, sind sie sowohl
in unserer Umwelt als auch in der Geosphäre allgegenwärtig, wobei die
multiplen Emissionsquellen nicht immer ganz sicher zu erkennen sind.
PAK's werden z.B. aus organischem Material bei pyrolytischen Prozessen
(über 700° C) und bei unvollständigen Verbrennungen gebildet. Sie lagern
sich an Rußpartikeln an und werden mit diesen transportiert. Luftparti-
kel enthalten hauptsächlich Benzo(ghi)perylen, Coronen, Indeno(1,2,3-cd)-
pyren, Benz(a)anthracen, Chrysen, Benzofluoranthene und Benzopyrene.
Straßenstaub hat als Hauptkomponente Fluoranthen, Pyren und verschiedene Benzofluorene. In den Abgasen aus Otto- und Dieselmotoren treten mit
starker Dominanz Fluoranthene und Pyrene auf.
Steinkohle und Steinkohlenteere können große Mengen an Phenanthren, Benzopyrene, Coronen und Perylen, sowie ihre methylierten Homologe enthalten. Erdöle und die Produkte beinhalten dagegen bedeutend geringere Mengen an Chrysenen, Benzpyrenen, sowie weitere PAK's mit Methylgruppen und
längeren aliphatischen Seitenketten.

Durch Transportprozesse gelangen die PAK's in den sedimentären Bereich,
wo sie in einer ziemlich uniformen Weise weltweit zu finden sind. Selbst
die relative Verteilung untereinander variiert in unbelasteten Oberflächensedimenten aquatischen und terrestrischen Ursprungs nur wenig. Ein
Beispiel ist in Abb. 7 dargestellt. Unbelastete terrestrische Sedimente
haben allerdings nur geringe Mengen an Fluoranthen. Der Gesamtanteil an

PAK's beträgt in Waldböden 1 bis 4 ppm, bezogen auf die Trockensubstanz. Unverschmutzte Seen haben je nach allochthonem Einfluß zwischen 2 und 10 ppm.

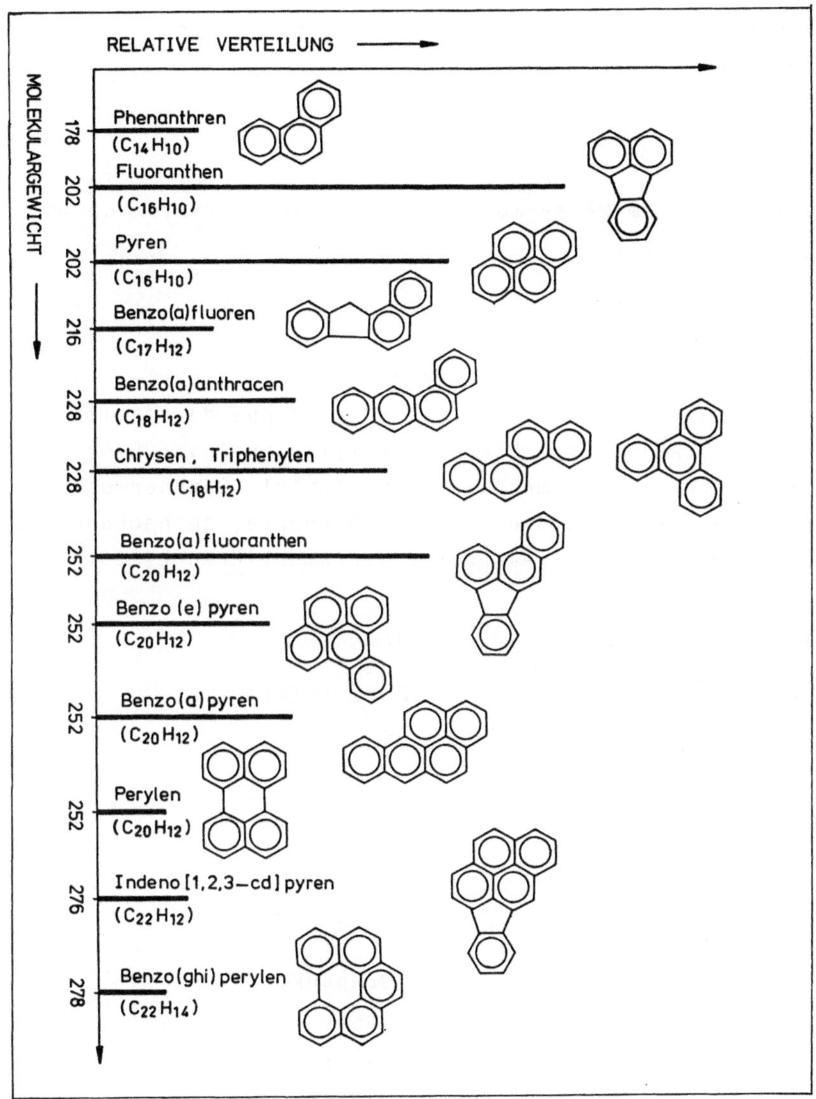

Abb. 7. Vorkommen und Verteilung von polycyclischen Aromaten in rezenten Oberflächensedimenten aquatischen Ursprungs.

C.2.1.2. Alkohole, Carbonsäuren und Ester

Lipidstoffe wie Fette, Öle und Wachse gehören zu der Stoffklasse der
Ester. Ester sind aus den Komponenten Alkohol und Carbonsäuren aufgebaut.
Im Gegensatz zu den Kohlenwasserstoffen tragen die Lipide noch Sauerstoff-
atom(e) am Kohlenstoffgerüst.

Alkohole:

Bei den Alkoholen ist formal am Wassermolekül ein Wasserstoffatom durch
einen organischen Rest R ersetzt:

$$R - O - H$$

Dabei kann R sowohl eine aliphatische CH_3-(Methyl-), C_2H_5-(Ethyl-) oder
allgemein C_nH_{2n+1}-Gruppe als auch eine alicyclische Gruppe darstellen.
Enthält ein Molekül eine, zwei oder mehrere Hydroxylgruppe(n) (OH-Gruppen) hat man einen ein-, zwei- oder mehrwertigen Alkohol. Daneben unterscheidet man noch primäre, sekundäre und tertiäre Alkohole, je nachdem,
ob die OH-Gruppe an einem primären, sekundären oder tertiären C-Atom
haftet:

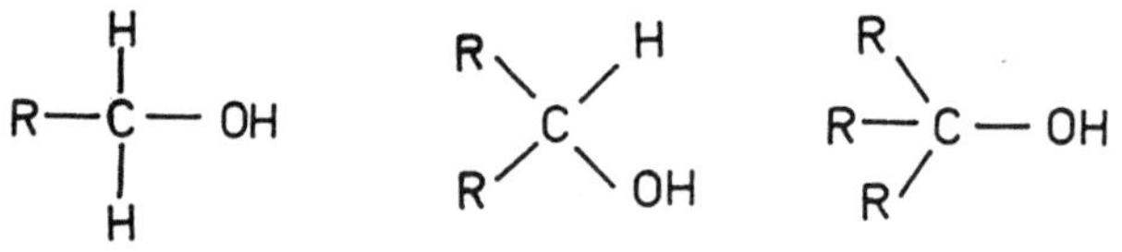

	primärer	sekundärer Alkohol	tertiärer

Die niederen Alkohole

		Siedepunkt
Methanol:	CH_3-OH	64.6° C
Ethanol:	C_2H_5-OH	78.4° C
Propanol	C_3H_7-OH	97.2° C

sind aufgrund ihres hydrophilen Charakters wasserlöslich. Ebenso zeichnen
sie sich durch - im Verhältnis zu den Kohlenwasserstoffen - hohe
Siedepunkte aus. Dies ist - in Analogie zum Wasser - auf die Ausbildung
von Wasserstoffbrücken zurückzuführen. Die mittleren Alkohole mit 4 bis
11 C-Atomen sind mit Wasser nur begrenzt mischbar. Mit größer werdendem

Rest R übertrifft der Einfluß des Kohlenwasserstoffrestes immer mehr den der Hydroxylgruppe, so daß die höheren Alkohole in ihren physikalisch-chemischen Eigenschaften den Paraffinen ähneln.

Alkohole sind in Organismen weit verbreitet. Sie kommen sowohl in Wachsen mit Säuren verestert als auch ungebunden vor. In aquatischen Organismen dominieren die Alkohole im Bereich von C_{12} bis C_{20}, von denen

$$\begin{array}{llll}
\text{n-Dodecanol} & \text{(Laurylalkohol)} & : & C_{12}H_{25}OH \\
\text{n-Tetradecanol} & \text{(Myristylalkohol)}: & & C_{14}H_{29}OH \\
\text{n-Hexadecanol} & \text{(Cetylalkohol)} & : & C_{16}H_{33}OH
\end{array}$$

am häufigsten auftreten.

Höhere terrestrische Pflanzen enthalten in ihren Wachsüberzügen noch längerkettige primäre Alkohole, z.B.

$$\begin{array}{llll}
\text{n-Hexacosanol} & \text{(Cerylalkohol)} & : & C_{26}H_{33}OH \\
\text{n-Octacosanol} & & : & C_{28}H_{57}OH \\
\text{n-Triacontanol} & \text{(Myricylalkohol)} & : & C_{30}H_{61}OH
\end{array}$$

In aquatischen Sedimenten liegt meist eine bimodale Verteilung der n-Alkohole wie in Abb. 8 vor.

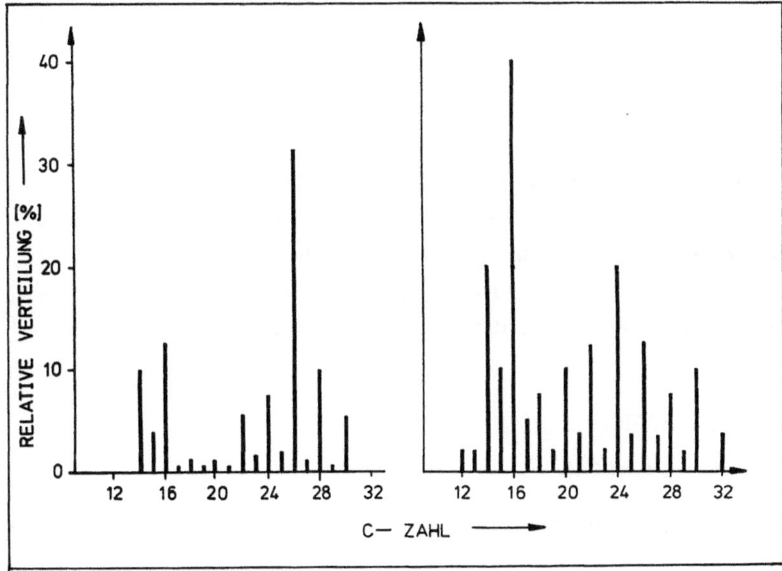

Abb. 8. Vorkommen von n-Alkoholen in aquatischen Sedimenten. Links ist die Verteilung der freien, rechts die der gebundenen Alkhole dargestellt.

Der erste Schwerpunkt liegt im Bereich von C_{14} und C_{16}, der zweite bei C_{26}. Die Ursache liegt in der gemischten Natur des abgelagerten Materials. Die höheren n-Alkohole von C_{22} bis C_{32} werden vom terrestrischen pflanzlichen Detritus angeliefert, während die Alkohole unter C_{20} autochthoner Natur sind. Verschiebungen der bimodalen Verteilung in die eine oder andere Richtung deuten auch auf eine entsprechende unterschiedliche Zusammensetzung des organischen Materials hin. Ihr Anteil, bezogen auf das Trockengewicht beträgt normalerweise zwischen 400 und 1500 ppm.

In aquatischen Sedimenten sind iso- und anteiso-Alkohole im Bereich von C_{15} bis C_{21} mit einer ungeradzahligen Bevorzugung zu finden. Eine Reihe von Algen synthetisiert Verbindungen dieser Art. Manchmal tritt ein C_{15}-iso-Alkohol hervor, der ebenfalls auf mikrobielle Quellen zurückzuführen ist.

Carbonsäuren:
===

Eine Oxidation bzw. Dehydrierung der primären Alkohole führt über die Aldehyde zu den Carbonsäuren:

$$R-CH_2-OH \xrightarrow{-[2H]} R-C{\overset{\textstyle H}{\underset{\textstyle O}{}}} \xrightarrow{+[O]} R-C{\overset{\textstyle OH}{\underset{\textstyle O}{}}}$$

Charakteristisch für Carbonsäuren ist die Carboxylgruppe: -COOH.
Im Gegensatz zu den Alkoholen haben die Carbonsäuren bzw. hat ihre Carboxylgruppe einen ausgeprägt sauren Charakter. Der Carboxyl-Wasserstoff ist als Proton abspaltbar und das entstehende Carboxylat-Anion ist - in Analogie zu den Mineralsäuren - zur Salzbildung befähigt. Die Acidität der Carbonsäuren ist allerdings gering, da sie nur schwache Säuren sind. Die ausgeprägte Wasserlöslichkeit der niederen Carbonsäuren nimmt von der

$$\text{Ameisensäure} : HCOOH$$

$$\text{Essigsäure} : CH_3-COOH$$

$$\text{Proponsäure} : CH_3-CH_2-COOH$$

zu den höheren Carbonsäuren rasch ab.

Ab C_{10} sind die Säuren fest und besitzen eine paraffinartige Natur, da
die Carboxylgruppe kaum noch einen Einfluß auf das chemisch-physikalische
Verhalten des Kohlenstoff-Gerüstes nimmt. Der Biosyntheseweg langer un-
verzweigter Kohlenstoffketten verläuft meistens über das Acetyl-Coenzym
A, einem C_2-Baustein. Deshalb treten die langkettigen Alkohole und Carbonsäuren bevorzugt mit gerader Kohlenstoffzahl auf.

Die Carbonsäuren sind Bausteine der Fette, Öle, und Wachse. Die C_6- bis
C_{18}-Säuren findet man in Fetten und Ölen, während die längerkettigen C_{20}-
bis C_{32}-Säuren in Wachsen vorkommen. Es handelt sich meistens um Mono-
Carbonsäuren, mit nur einer Carboxylgruppe.

Typische Fett- und Ölsäuren sind:

n-Tetradecansäure	(Myristinsäure)	:	$C_{13}H_{27}COOH$
n-Hexadecansäure	(Palmitinsäure)	:	$C_{15}H_{31}COOH$
n-Octadecansäure	(Stearinsäure)	:	$C_{17}H_{35}COOH$
n-Octadecen(11)säure	(Ölsäure)	:	$C_{17}H_{33}COOH$
n-Octadecdien(9,12)-säure	(Linolsäure)	:	$C_{17}H_{31}COOH$
n-Octadectrien(9,12,15)-säure	(Linolensäure)	:	$C_{17}H_{29}COOH$

Planktonische Organismen enthalten größere Mengen an C_{12}- bis C_{18}-unge-
sättigte Fettsäuren. Ferner sind in sedimentbewohnenden Bakterien C_{14}-
bis C_{16}-iso und anteiso-Fettsäuren enthalten.

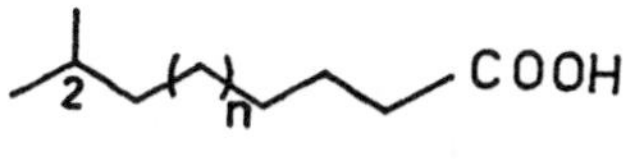

2-Methyl-Carbonsäure
(iso- Carbonsäure)

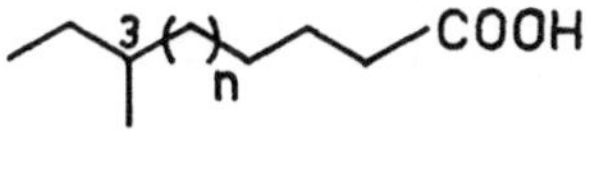

3-Methyl-Carbonsäure
(anteiso-Carbonsäure)

In den Wachsen der höheren terrestrischen Pflanzen findet man langkettige C_{20} bis C_{32}-Carbonsäuren, wobei die

n-Tetracosansäure	(Carnaubasäure)	$C_{23}H_{47}COOH$
n-Hexacosansäure	(Carotinsäure)	$C_{25}H_{51}COOH$
n-Octacosansäure	(Montansäure)	$C_{27}H_{55}COOH$

46

als typische Wachsfettsäuren anzusprechen sind. Hydroxylierte Carbon=
säuren (α und ω) und Dicarbonsäuren (α und ω) im Bereich von C_{20}- bis
C_{28}-Kettenlänge treten in Seegräsern (Zostera) auf.

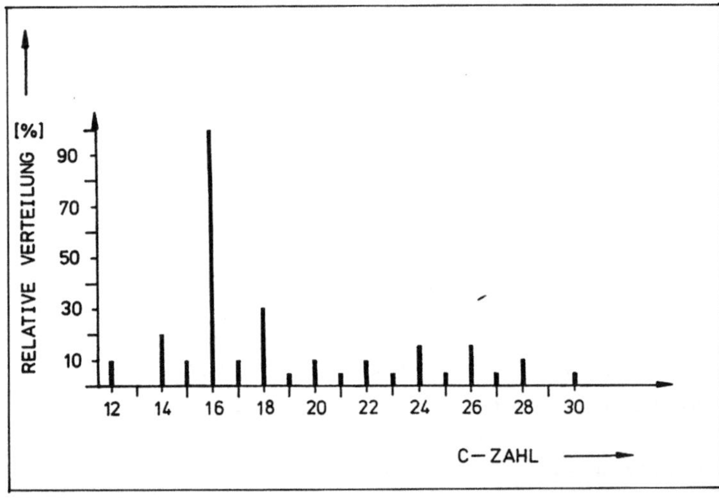

α-Hydroxy-carbonsäure

ω-Hydroxy-carbonsäure

α,ω-Dicarbonsäure

Kurzkettige α-Hydroxy-carbonsäuren ($<C_{20}$) findet man in bodenbewohnenden
Mikroorganismen. Die sedimentären Carbonsäuren liegen in ähnlichen Ver-
teilungen vor, wie dies bei den Alkoholen der Fall geworden ist.
Marine Sedimente haben in erster Linie C_{14}- bis C_{18}-Fettsäuren (Abb. 9).

Abb. 9. Carbonsäuren in marinen Sedimenten

Im lakustrinen Bereich gewinnen dagegen die aus Pflanzenwachsen des terrestrischen Detritus stammenden langkettigen Carbonsäuren an Einfluß und sorgen für eine bimodale Verteilung im Sediment (Abb. 10).

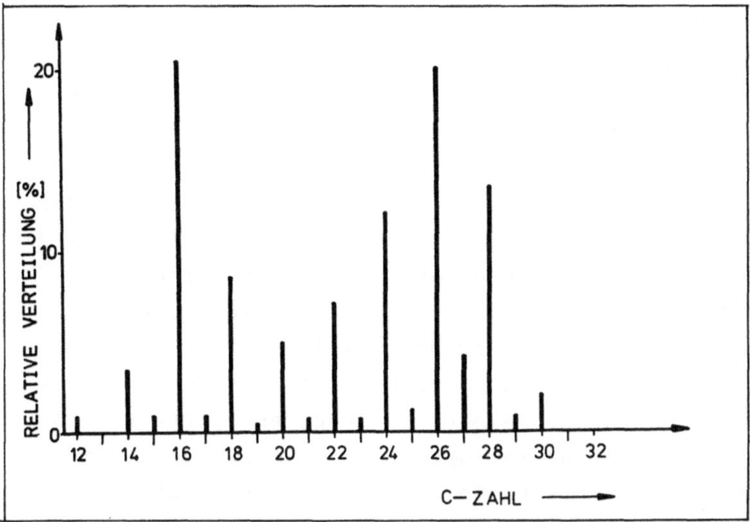

Abb. 10. Carbonsäuren in lakustrinen Sedimenten

Die Gehalte an ungesättigten iso- und anteiso-Fettsäuren schwanken sehr stark und hängen oftmals vom Zeitpunkt der Probennahme ab, da im aquatischen Bereich periodisch schwankende Populationen und Sedimentationsraten auftreten können. Die ungesättigten Fettsäuren haben C_{16}- bis C_{22}-Kohlenstoffketten, die iso- und anteiso-Fettsäuren liegen im Bereich von C_{14} bis C_{16} (Abb. 11).

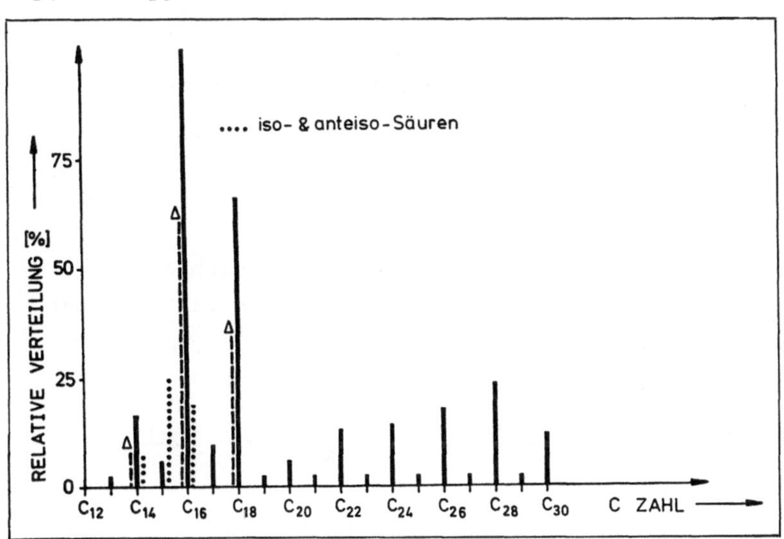

Abb. 11. Vorkommen und Verteilung von Carbonsäuren in einem lakustrinen Sediment. Mit Δ sind ungesättigte Carbonsäuren gekennzeichnet.

Beide Säurearten sind typisch für aquatische Organismen. Ungesättigte C_{16}- und C_{18}-Fettsäuren repräsentieren das Phytoplankton. Die längerkettigen Fettsäuren kommen auch im Zooplankton vor. Die iso- und anteiso-Carbonsäuren werden in sedimentbewohnenden Bakterien produziert und lassen einen bedeutenden Einfluß der mikrobiellen Biomasse im Sediment erkennen. An dem Anwachsen dieser verzweigten Säuren kann man auch eine steigende mikrobielle in situ Aktivität erkennen.
In der Säurefraktion sind noch in geringen Mengen Hydroxy-Carbonsäuren und Dicarbonsäuren zu finden. Sie können Auskunft über die Herkunft des organischen Materials geben. Langkettige α-Hydroxy- und α,ω-Dicarbonsäuren (C_{22} bis C_{28}) findet man in höheren aquatischen Pflanzen. C_{10}- bis C_{20}- α-,β- und ω-Hydroxycarbonsäuren sind in fast allen rezenten Sedimenten enthalten und stammen von ihrer mikrobiellen Überarbeitung. Di- und Polyhydroxysäuren hingegen sind keine Produkte aus Mikroorganismen und kommen nur in Sedimenten vor, die einen größeren terrestrischen Eintrag haben. Höhere Pflanzen enthalten größere Mengen dieser Cutinsäuren, da aus ihnen die Biopolymere Cutin und Suberin (Korksubstanzen) gebildet werden. Die Säurefraktion eignet sich also für biochemische Untersuchungen über die Quellen des organischen Materials, das in den sedimentären Bereich gelangt.

Fette und die Fettsäuren sind begehrte Nahrungsmittel heterotropher Organismen und werden deshalb sehr schnell abgebaut, so daß ihr Gehalt in tieferen Sedimentpartien sehr schnell sinkt. Für die Erhaltung spielen aber auch die Redox-Verhältnisse eine Rolle. Anaerobe Sedimente in produktiven Seen haben größere Anteile und eine bessere Erhaltung an ungesättigten Fettsäuren als aerobe. Umgekehrt können Sedimente oligotropher Seen mehr verzweigte Fettsäuren beinhalten. Die mengenmäßigen Anteile schwanken zwischen 100 ppm in Fjordregionen und 17000 ppm in mesotrophen Seen.

Fette, Öle und Wachse:

Die Fette, Öle und Wachse gehören zu der Stoffklasse der Carbonsäure-Ester. Carbonsäure-Ester werden aus Carbonsäuren und Alkoholen in einer Gleichgewichtsreaktion unter Wasserbildung gebildet:

$$R-C\underset{OH}{\overset{O}{\diagup}} + H-O-R' \rightleftharpoons R-C\underset{O-R'}{\overset{O}{\diagup}} + H_2O$$

Säure   Alkohol   Ester   Wasser

Durch eine hydrolytische Spaltung (die Reaktion verläuft von rechts nach
links) erhält man wieder die Ausgangsprodukte Carbonsäure und Alkohol.
Die Ester reagieren neutral und sind mit Wasser kaum mischbar.

In Fetten und Ölen sind langkettige Fettsäuren mit dem dreiwertigen Alkohol Glycerin verestert. In jedem Fettmolekül (Ölmolekül) sind somit
drei Fettsäuren mit meistens C_{12}- bis C_{18}-Kettenlänge gebunden: Die Art
der veresterten Säuren ist nicht einheitlich, man spricht deshalb von
gemischten Glyceriden:

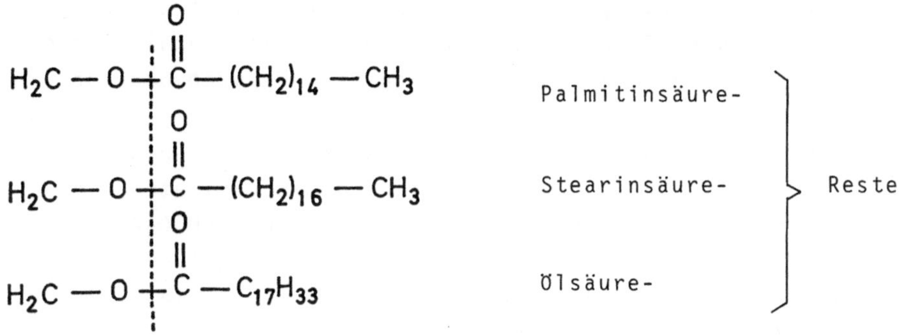

$$H_2C - O + \overset{\displaystyle O}{\overset{\|}{C}} - (CH_2)_{14} - CH_3 \qquad \text{Palmitinsäure-}$$

$$H_2C - O + \overset{\displaystyle O}{\overset{\|}{C}} - (CH_2)_{16} - CH_3 \qquad \text{Stearinsäure-} \qquad \Big\} \quad \text{Reste}$$

$$H_2C - O + \overset{\displaystyle O}{\overset{\|}{C}} - C_{17}H_{33} \qquad \text{Ölsäure-}$$

Glyceryltest

Pflanzliche Öle enthalten einen größeren Anteil an ungesättigten Fettsäuren mit einer oder mehreren Doppelbindungen, die nicht sehr beständig sind, weil sie unter Einwirkung von molekularem Sauerstoff leicht
zu festen hochmolekularen Harzen polymerisieren. Als wasserunlösliche
und somit osmotisch unwirksame Substanzen eignen sich Fette und Öle besonders als Speicherprodukte. Durch ihren hohen Wasserstoffgehalt dienen sie als ausgezeichnete Energiereserve. In Blütenpflanzen findet man
Fette und Öle vornehmlich in Samen. Dagegen können in Algen große Fett-
mengen deponiert werden.

Carbonsäuren verestern nicht nur mit Glycerin, sondern auch mit einer
Reihe von einwertigen Alkoholen, die zusammen die Wachs-Ester bilden.
Die Kettenlänge der beiden Komponenten liegt im allgemeinen zwischen
20 und 32 C-Atomen. Im Carnaubawachs ist vorwiegend eine n-C_{26}-Säure
mit einem n-C_{30}-Alkohol verestert:

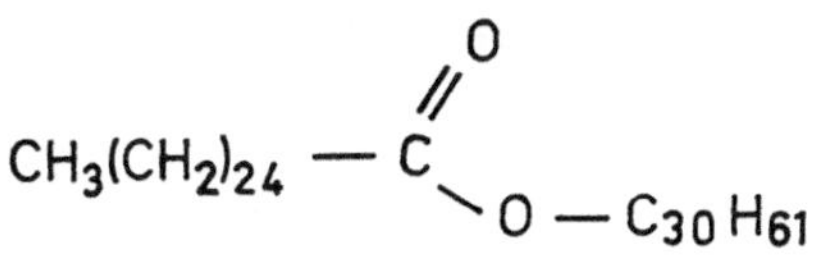

$$CH_3(CH_2)_{24} - \overset{\displaystyle O}{\overset{\|}{C}} \diagdown_{O - C_{30}H_{61}} \qquad \text{Cerotinsäure-myricylester}$$

Langkettige Wachsester ab C_{40} sind feste hydrophobe, auch chemisch resistente Substanzen, die schwerer als Fette hydrolysierbar sind. In höheren Pflanzen werden sie zum Aufbau unbenetzbarer d.h. wasserabweisender Schutzschichten sowie zum Einbau wasserundurchlässiger Trennzonen innerhalb von Zellwänden benutzt. Sie üben also Schutzfunktionen aus. In vielen Zooplanktonarten werden Wachsester mit kürzeren Kettenlängen C_{30} bis C_{34} auch zur Energiespeicherung verwendet.

Wachsester und Triglyceride (Fette und Öle) stellen als Energiereserve ein begehrtes Nahrungsmittel dar und werden deshalb leicht biochemisch aufgearbeitet, wobei Triglyceride bevorzugt metabolisiert werden. Außerdem ist ihre chemische Stabilität durch die leichte hydrolytische Spaltbarkeit in die entsprechenden Alkohole und Carbonsäuren begrenzt.

In marinen Schwebstoffen findet man Wachsester von C_{26}- bis C_{44}-Kettenlänge, wobei C_{30}, C_{32}, C_{34} und C_{36} am häufigsten vertreten sind. Triglyceride erstrecken sich von dem Bereich mit 40 bis 60 C-Atomen pro Molekül. Das Maximum liegt bei C_{46} und C_{48}. Die eigentlichen Wachsester der höheren Pflanzen sind wenig vertreten. An ihre Stelle treten die Wachsester des Zooplanktons.

Die Anteile an intakten Triglyceriden und Wachsen schwanken außerordentlich stark und können bis zu 50% der gesamten Lipidfraktion betragen. Sie nehmen aber mit zunehmender Sedimentteufe generell rapide ab. Die Hydrolyse und biogeochemische Prozesse bauen sie schnell ab, so daß sie keine hohe Erhaltungsrate besitzen.

Ketone

Oxidationsprozesse am sauerstofftragenden C-Atom der Alkohole führen zu entsprechenden weiter oxidierten Produkten. Sekundäre Alkohole ergeben Ketone:

$$\begin{array}{c} R \\ \diagdown \\ C \\ \diagup \quad \diagdown \\ R \qquad OH \end{array} \quad\xrightarrow[-[H_2O]]{+\ [O]}\quad \begin{array}{c} R \\ \diagdown \\ C=O \\ \diagup \\ R \end{array}$$

sekundärer Alkohol   Keton

Das Charakteristikum der Ketone ist ihre Carbonylgruppe: $\diagdown C\!=\!0$, an denen zwei Kohlenstoffreste sitzen. Das einfachste Keton ist das Aceton:

$$CH_3 - CO - CH_3$$

Ketone mit mehr als drei C-Atome haben schon lipophilen Charakter.

Geringe Mengen von Methylketonen (n-Alkan-2-onen) von C_{20}- bis C_{35}-Kohlenstoffkettenlängen mit einer ungeradzahligen C-Bevorzugung findet man in lakustrinen und marinen Sedimenten:

$$CH_3 - \underset{\underset{O}{\|}}{C} - (CH_2)_n - CH_3 \qquad n=16 \cdots\cdots 31$$

Ihr Ursprung in aquatischem Bereich ist ungewiß. Es ist zwar eine mikrobielle in situ-Produktion aus entsprechenden n-Alkanen oder n-Carbonsäuren (über eine β-Oxidation und Decarboxylierung) nicht auszuschliessen, aber da man auch in terrestrischen Böden die n-C_{26}- bis n-C_{39}-Methylketone findet, ist ein allochthoner Eintrag mit dem Sedimenttransport wahrscheinlich. Die auch noch auftretenden ungesättigten C_{37}- bis C_{39}-Ketone dürften aus Phytoplankton stammen, da sie auch in Coccolithophoren enthalten sind. Methylketone zeigen eine erstaunliche geochemische Stabilität und bleiben dann besonders gut erhalten, wenn die entsprechenden Sedimentpartien schnell unter anaeroben Einfluß gelangen.

C.2.1.3. Terpenoide Verbindungen

In der Natur sind Verbindungen mit einem speziellen Kohlenstoffgerüst weit verbreitet und haben vielfältige biochemische Steuerungsaufgaben zu erfüllen. Zu ihnen gehören auch die terpenoiden Verbindungen, die sich alle von dem C_5-Baustein Isopren (2-Methylbutadien) ableiten lassen. Aufgrund der Methylgruppen-Verzweigung des Isoprens stehen somit beim Aufbau von Ketten und Ringsystemen an charakteristischen Stellen des Kohlenstoffskelettes die Methylgruppen. Man erhält neben den Hemiterpenen (C_5) die Monoterpene (C_{10}), Sesquiterpene (C_{15}), Diterpene (C_{20}), Triterpene (C_{30}) und Tetraterpene (C_{40}). Die Hemi- und Monoterpene sind sehr flüchtige Verbindungen. Das Sesquiterpen Farnesol ist bei manchen photosynthetisch tätigen Bakterien (z.B. bei Chlorobium) im Chlorophyll anstelle von Phytol vertreten.

<u>Steroide</u>:

Steroide kann man als Abkömmlinge des kettenförmigen C_{30}-Triterpens Squalen bezeichnen. Aus ihm wird über verschiedene Zwischenstufen das tetracyclische Triterpen Lanosterin gebildet, das dann seinerseits in das bekannte Cholesterin umgewandelt wird. Das Cholesterol (Cholesterin) besitzt als Bauprinzip ein alicyclisches Cyclopentano-perhydrophenanthren-Ringsystem, an dem eine verzeigte C_8-Seitenkette sitzt:

Cholesterol ($C_{27}H_{45}OH$)

Da alicyclische sechsgliedrige Ringe nicht mehr eben sind, erhält man eine charakteristische räumliche Struktur, weil die einzelnen Ringe in unterschiedlicher Weise miteinander verknüpft werden können. Bei den Steroiden liegen alle vier Ringe durch eine trans-Verknüpfung in einer Ebene, und man erhält ein flaches Molekül. Die beiden am Ringsystem vorhandenen angularen Methylgruppen ragen oberhalb der Molekülebene heraus. Die gestrichelte Linie an der Seitenkette (----) soll andeuten, daß die Methylgruppe nach hinten zeigt. Im Ring B ist bei vielen Sterolen zwischen den C-Atomen 5 und 6 (Δ^5) noch eine Doppelbindung vorhanden. Ferner besitzen sie noch eine Hydroxylgruppe am dritten C-Atom. Chemisch gesehen ist also das Cholesterin ein ungesättigter sekundärer Alkohol.

Die Steroide haben alle das gleiche tetracyclische Grundgerüst, jedoch mit unterschiedlichen Substituenten. Sie kommen sowohl in tierischen wie auch in sehr vielen pflanzlichen Organismen vor. Obwohl Cholesterin als das Hauptsteroid der Vertebrate angesehen wird, ist es auch im Pflanzenreich, besonders bei Algen, wenn auch in geringen Mengen, weit verbreitet. Typische Sterole der höheren Pflanzen (Tracheophyten) sind:

Steroidgerüst:

Campesterol C_{28}:   R =

Brassicasterol C_{28}:   R =

Sitosterol C_{29}:   R =

Stigmasterol C_{29}:   R =

Ferner treten noch komplizierte Steroidverbindungen auf, die sowohl weitere Veränderungen am Ringgerüst als auch in der Seitenkette erfahren haben. Es scheint eine generelle Errungenschaft der höheren Pflanzen zu sein, daß bei den Methyl- und Äthylsubstituenten am asymmetrischen C_{24}-Atom in der Seitenkette beide stereospezifische Möglichkeiten ausgenutzt werden (z.B. 24 R + S beim Campesterol).

Die Pilze (Ascomyceten und Basidomyceten) enthalten als Hauptsteroid das Ergosterol, das im Ringsystem eine weitere Doppelbindung ($\Delta^5 + \Delta^7$) besitzt:

HO

Ergosterol

Auch marine Organismen sind in der Lage, Sterole zu synthetisieren, wie dies in Tabelle 5 zusammengefaßt ist.

Tabelle 5. Vorkommen von Sterolen in verschiedenen Organismen

ORGANISMEN	NAME	SEITENKETTE
Rhodophyceae	Cholesterol	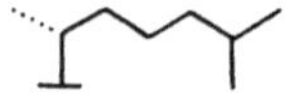
(Rotlagen)	Desmosterol	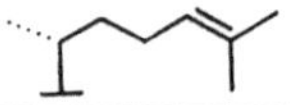
Phaeophyceae	Fucosterol	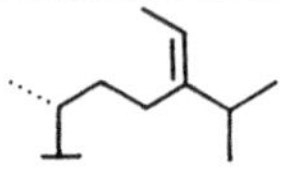
(Braunalgen)	Cholesterol	
Chlorophyceae	Isofucosterol	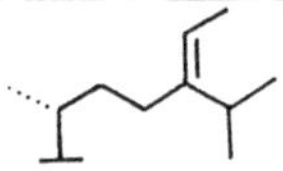
(Grünalgen)	24-Methylencholesterol	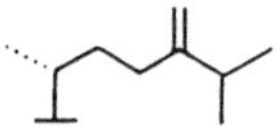
	Cholesterol	
Diatomeen	Brassicasterol	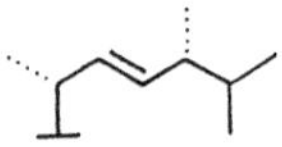
(Kieselalgen		
Porifera	Cholesterol	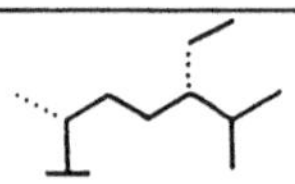
(Schwämme)	Clionasterol	
	Poriferasterol	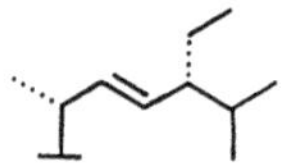
	u.a.	
Coelecerata	Cholesterol	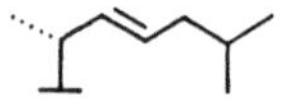
(Hohltiere)	22-Dehydrocholesterol	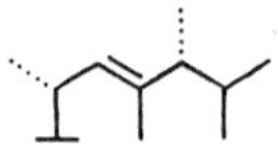
	Gogosterol	
Arthropoden	Cholesterol	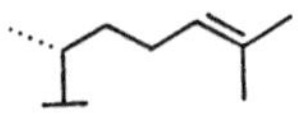
(Krebse)	Desmosterol	

Rotalgen enthalten hauptsächlich C_{27}-Sterole. Kleine Mengen an C_{28}-Sterolen sind ebenfalls in verschiedenen Spezies gefunden worden. Braun- und Grünalgen haben zusätzlich noch C_{29}-Sterole, die in höheren terrestrischen Pflanzen vorkommen. Invertebraten besitzen komplizierte Mixturen von C_{26}-, C_{27}-, C_{28}- und C_{29}-Sterolen. In marinen Algen fehlen die Hauptsterole der höheren Pflanzen Stigmasterol und Sitosterol weitgehend. Dagegen scheinen in Procaryoten (z.B. Bakterien) die Steroide nicht aufzutreten.

In rezenten Böden sind hauptsächlich die Sterole der höheren Pflanzen zu finden; wie dies in Tabelle 6 dargestellt ist.

Tabelle 6. Zusammensetzung der Steroidfraktion in Böden

STEROID	RELATIVER ANTEIL
Cholesterol	0 - 8 %
Brassicasterol	0 - 5 %
Campesterol	5 -15 %
Stigmasterol	55 -75 %
Δ^2-Sitosten	2 - 6 %
Δ^3,Δ^5-Sitostadien	3 -25 %
Δ^3-Sitostenon-3	10 -30 %

Das Sitosterol stellt mit Abstand den Hauptanteil an der gesamten Steroidfraktion dar. Cholesterol stammt wohl von den Bodenbewohnern. Neben den pflanzlichen Hauptsterolen findet man noch geringe Mengen von 5α-Stanolen, die also im Ring B keine Doppelbindung enthalten. Ferner treten als Diageneseprodukte Δ^2-Sitosten und eine Reihe von Sitostadienen auf, von denen das Δ^3,Δ^5-Sitostadien häufig ist. Kohlenwasserstoffe dieser Art entstehen durch Dehydratisierung (Wasserabspaltung) aus den entsprechenden Vorläufern:

Sterol $\qquad\qquad\qquad\qquad$ Δ^3,Δ^5-Steradien

$$\text{Stanol} \quad \xrightarrow{-\,[H_2O]} \quad \Delta^2\text{-Steren}$$

Weitere Diageneseprodukte stellen die Diasterene dar, die - soweit bekannt - in lebenden Organismen nicht vorkommen. Unter sauren Bedingungen
können sie aus Δ^4- und Δ^5-Sterenen durch eine ringöffnende und wieder-
schließende Umlagerung entstanden sein:

$$\Delta^4\text{- oder }\Delta^5\text{-Sterene} \quad \xrightarrow{[H^+]} \quad \Delta^{13(17)}\text{-Diasterene}$$

Neben Dehydratisierungen findet offensichtlich auch eine Oxidation der
sekundären Alkoholgruppe zum entsprechenden Keton statt, wobei sich die
Doppelbindungen in die für sie günstigere Stellung 4 umlagert:

$$\Delta^5\text{-Sterol} \quad \xrightarrow[-\,[2H]]{+\,[O]} \quad \Delta^4\text{-Stenon-3}$$

Die Zusammensetzung der Steroidfraktion in lakustrinen Sedimenten kann
sich je nach Einfluß des terrestrischen allochthonen und littoralen Pflan
zendetritus in charakteristischer Weise verändern (Tabelle 7).

Tabelle 7. Zusammensetzung der Steroidfraktion in lakustrinen Sedimenten

STEROID	RELATIVER ANTEIL
Cholesterol	5 - 45 (65) %
22-Dehydrocholesterol	2 - 5 %
Campesterol	5 - 35 %
Brassicasterol	2 - 4 %
Stigmasterol	5 - 10 %
Sitosterol	20 - 35 %
5αH-Cholestanol	5 - 55 %
5βH-Cholestanol	0 - 75 %
5αH-Sitostanol	5 - 30 %
5βH-Sitostanol	0 - 45 %

Man kann annehmen, daß in Sedimenten aus oligotrophen Seen der Einfluß
des autochthonen organischen Materials sich in dem Verhältnis von Cholesterol zu Sitosterol widerspiegelt. Dies gilt nicht für mesotrophe und
schon gar nicht für eutrophierte See-Sedimente, da z.B. Abwässer von
Kläranlagen viel Cholesterol und noch mehr 5βH-Cholestanol (Koprostanol)
mitschleppen. Eine Absättigung der Doppelbindung von Δ^5-Sterolen führt
zu zwei Möglichkeiten, den Wasserstoff an der Verknüpfungsstelle 5 zwischen den Ringen A und B anzulagern. Wenn der Wasserstoff in der Stellung 5 unterhalb der Molekülebene in der 5α-Stellung angelagert wird,
behält man das langgestreckte Molekül, indem die Ringe A und B trans-
förmig verknüpft sind. Eine Anlagerung oberhalb der Molekülebene in der
5β-Stellung führt zu einem Abknicken des Ringes A und somit zu einer
Veränderung in der Molekülarchitektur (Konformationsänderung) und einer
cis-Verknüpfung der Ringe A und B:

Δ^5-Sterol

+ [2H]

5αH-Stanol

+ [2H]

5βH-Stanol

Stanole (5α-H) werden in Organismen nur in untergeordnetem Maße gebildet. Allerdings sind eine Reihe von Mikroorganismen, besonders die Bewohner von Intestinaltrakten in der Lage, Δ^5-Sterole zu 5βH-Stanolen (z.B. Cholesterol zu Koprostanol) zu hydrieren. Hohe Anteile an 5β-Stanolen deuten deshalb immer auf eine Fäkalverschlammung hin. Die Bildung von 5αH-Stanolen ist dagegen in einem reduzierenden Milieu, wie es sich in lakustrinen Sedimenten schnell ausbildet, eine normale diagenetische Umwandlung. Reduktionsprozesse dieser Art verursachen deshalb auch mit zunehmender Sedimentteufe ein wachsendes 5α-Stanol/Sterol-Verhältnis. Es scheint ein gewisser Zusammenhang zwischen dem Gehalt an Sterolen und dem Verschmutzungsgrad zu bestehen. Oligotrophe Seen enthalten 100 bis 500 ppm Sterole, während der Anteil in mesotrophen Seen auf über 1000 ppm steigt, bezogen auf das trockene Sediment.

Noch erheblich komplexer ist die Steroidfraktion in marinen Sedimenten zusammengesetzt. Jedoch sind die "primitiven" marinen Organismen als die Hauptlieferanten der sedimentären Sterole anzusehen. Eine Unterteilung nach Kohlenstoffzahl ist aus Tabelle 9 ersichtlich.

Tabelle 9. Vorkommen von Sterolen in marinen Sedimenten

GERÜSTTYP	NAME
C_{27}-Sterole	Cholesterin, 22-Dehydrocholesterol, Desmosterol, 22-Dehydrocholestanol,
C_{28}-Sterole	Campesterol, Brassicasterol, Ergosterol, 24-Methylencholesterol, 4-Methylcholesterol, 22-Dihydrobrassicasterol, Campostanol, Spongesterol,
C_{29}-Sterole	Sitosterol, Stigmasterol, Clionasterol, Gorgosterol.

Typisch für marine Sedimente sind ferner die in der Stellung 4 am Sterol-
ringsystem methylierten und dimethylierten Sterole, wobei das Dinosterol
(4,23,24-Trimethylcholest-22-enol) am weitesten verbreitet ist. Dinosterol findet man in verschieden Dinoflagellaten.

Dinosterol

In den Sapropellagen des Schwarzen Meeres sind Dinosterol, sein hydrier-
tes Analogen und 4,24-Dimethylcholestanol als die Hauptsterole anzusehen.
Neben den hydrierten 5αH-Stanolen sind auch noch als Diageneseprodukte
Sterene und Keto-Steroide anzutreffen. Mit zunehmender Sedimentteufe
nimmt der Gehalt an ursprünglichen Sterolen und Diageneseprodukten rasch
ab.

<u>Diterpene:</u>

Diterpene sind im Gegensatz zu den Monoterpenen (C_{10}) und Sesquiterpenen (C_{15}) nicht mehr flüchtig. Sie sind Bestandteile der Pflanzenharze, die höchst komplex zusammengesetzte Exkrete darstellen. Das wichtigste Diterpen und wahrscheinlich die am häufigsten synthetisierte Einzelverbindung ist das Phytol, ein ungesättigter Seitenkettenalkohol, der im Chlorophyll esterartig gebunden ist.

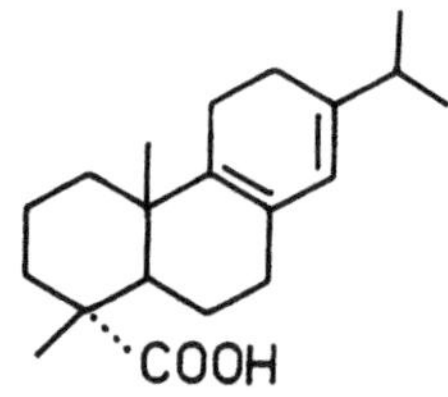

Phytol ($C_{20}H_{39}OH$)

Die meisten anderen Diterpene sind keine kettenförmige Verbindung sondern meistens Zwei- und Dreiringsysteme:

Manool   Podocarpinsäure   Cupressen

Neoabietinsäure   Palustrinsäure   Pimaradien

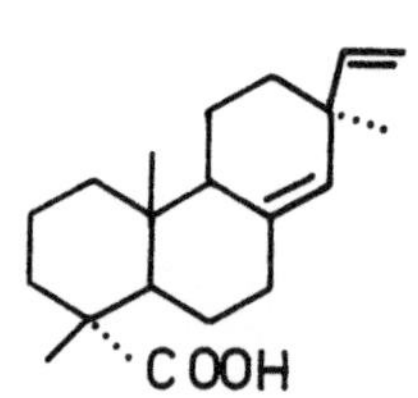

Pimarsäure   Lävopimarsäure   Isopimarsäure

Die Dreiringsysteme lassen sich in eine Abietan- und eine Pimarangruppe
unterteilen. Die Abietangruppe hat eine Isopropyl-Seitenkette, während
Pimarane dafür eine Ethyl- und Methylgruppe besitzen.

Darüber hinaus tritt auch noch ein Vierringsystem folgenden Typs auf:

$R_1 = R_2 = H$: Phyllocladin oder Kauren
$R_1 = COOH, R_2 = OH$: Steviol

Phyllocladin und Kauren sind in ihrem sterischen Aufbau durch eine andere Verknüpfungsweise der Ringe unterscheidbar. In Koniferenharzen sind
Isomerengemische aus den genannten Diterpencarbonsäuren vom Pimaran-
und Abietantyp vorhanden. Phyllocladin ist dagegen in einigen strauch-
artigen Gewächsen verbreitet.

Ein erster Schritt im sedimentären Bereich ist die Freisetzung des Phytols aus dem Chlorophyll durch eine Hydrolyse. Danach erfolgt eine
schrittweise Umwandlung, die je nach Milieu in verschiedene Richtungen
läuft. Unter oxischen Bedingungen sind folgende Produkte faßbar:

Phytol

$+[O]$

Phytensäure

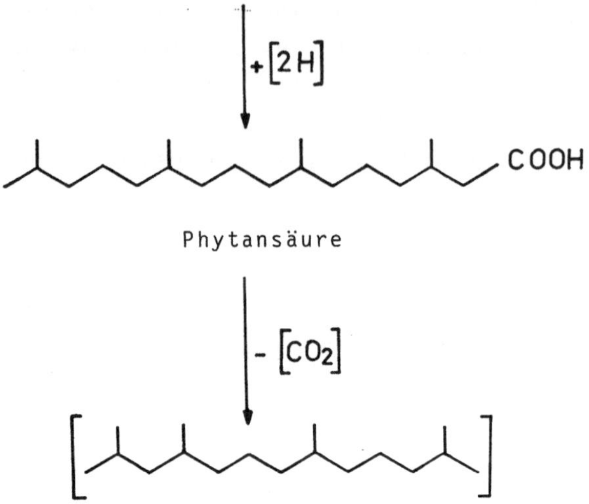

$+[2H]$

Phytansäure

$-[CO_2]$

Pristan

Unter reduzierenden Bedingungen kommt es beim Phytol, einem Allylalko-
hol, neben der Absättigung der Doppelbindung auch gleich zu einer Hydrogenolyse:

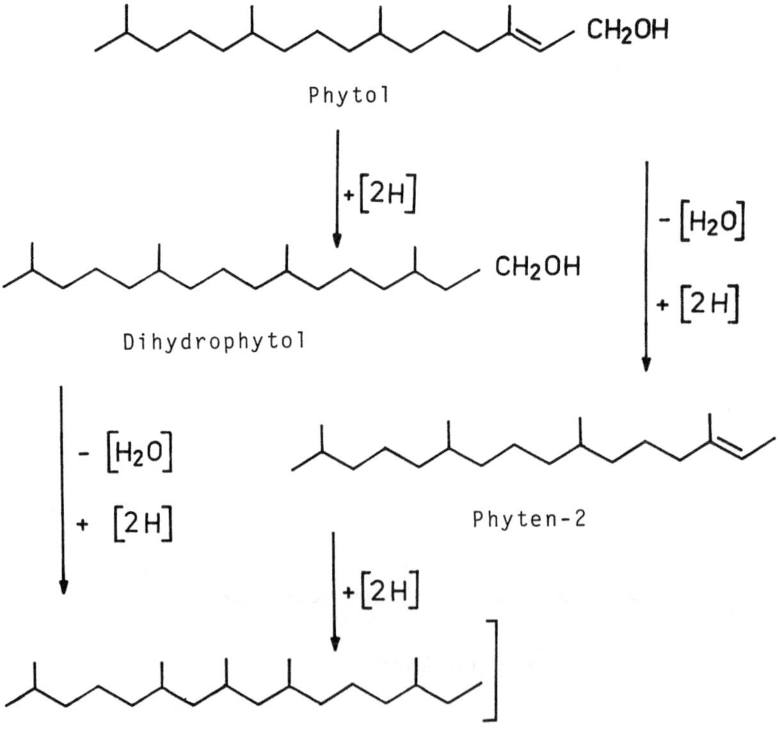

CH_2OH

Phytol

$+[2H]$

$-[H_2O]$

$+[2H]$

CH_2OH

Dihydrophytol

$-[H_2O]$

$+[2H]$

Phyten-2

$+[2H]$

Phytan

Im weiteren Verlauf der Diagenese kann durch Decarboxylierung aus der Phytansäure Pristan (C_{19}) oder aus Dihydrophytol Phytan (C_{20}) gebildet werden. Im sedimentären Bereich herrschen anfangs in den seltensten Fällen strenge eindeutige oxidierende oder reduzierende Verhältnisse. Somit ist das fast immer gleichzeitige Auftreten der Isoprenoid-Kohlenwasserstoffe Pristan und Phytan in Sedimenten erklärbar. Daneben ist noch ein C_{18}-Keton repräsentativ, das aus Phytol durch einen oxidativen mikrobiellen Abbau entstanden ist.

6,10,14-Trimethylpentadecan-2-on

Da cyclische Diterpene in aquatischen Organismen nicht gebildet werden, ist das Vorkommen dieser Verbindungen mit einem Eintrag von terrigenem organischen Material verbunden. Eine der in aquatischen Sedimenten (marinen und lakustrinen) anzutreffenden Hauptkomponenten, ist die Dehydroabietinsäure, deren Diageneseweg zum aromatischen Kohlenwasserstoff Reten sich durch weitere faßbare Umwandlungsprodukte verfolgen läßt. Bei diesen Umwandlungsprozessen ist das erste Diageneseprodukt die Abietinsäure. Sie bildet sich leicht durch säurekatalysierte Umlagerungen der Doppelbindungen aus den labilen, isomeren Diterpensäuren Lävopimarsäure, Neoabietinsäure und Palustrinsäure.

Abietinsäure

Dehydroabietinsäure

Tetrahydroreten

Dehydroabietin

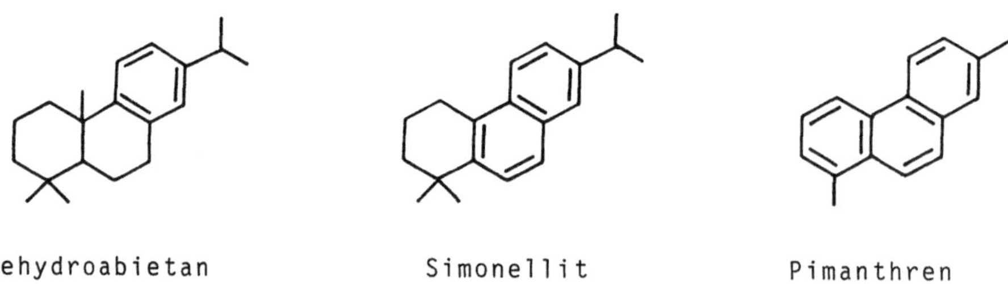

Reten   Fichtelit

Neben den aufgeführten Verbindungen sind noch weitere Diageneseprodukte
vertreten:

Dehydroabietan   Simonellit   Pimanthren

Anoxische Sedimente enthalten immer größere Anteile an den teilweise
oder ganz aromatisierten Diterpenen als die entsprechenden Sedimentpartien aus dem oxischen Bereich.

<u>Triterpene</u>:

Neben kettenförmigen (z.B. Squalan) und tetracyclischen Triterpenen
(z.B. Lanosterol) sind die pentacyclischen Triterpene ubiquitär. Die
Cyclisierung geht in Anwesenheit von Sauerstoff vom Squalan aus und
führt zu drei verschiedenen weitverbreiteten in Pflanzen anzutreffenden
Grundtypen:

Oleanan-Typ   Ursan-Typ   Lupan-Typ

An verschiedenen Stellen des Gerüstes sind oftmals noch Hydroxy- und
Carboxylgruppen vorhanden, so daß die meisten der pentacyclischen Triterpene zu den Stoffklassen der Alkohole, Carbonsäuren und Hydroxycarbonsäuren gerechnet werden. Zum Oleanan-Typ zählen neben dem aus Flechten iso-
lierten Taraxeren auch noch das weitverbreitete ß-Amyrin und die Oleanolsäure:

Taraxeren

R = CH_3 : ß-Amyrin

R = COOH: Oleanolsäure

Eine andere Anordnung der Methylgruppen im Ring E führt zu Vetretern der
Ursan-Gruppe:

R = $-CH_3$: α-Amyrin
R = -COOH: Ursolsäure

Pentacyclische Triterpene des Lupan-Typs sind in höheren Pflanzen ebenfalls weit verbreitet. Bei ihnen ist der Ring E fünfgliedrig und besitzt
eine Isopropenyl-Seitenkette:

R = CH_3 : Lupeol

R = CH_2OH : Betulin

Eine ähnliche Bauweise liegt im Arboren (Arborinol) von tropischen Pflanzen und dem Fernen der Farne vor:

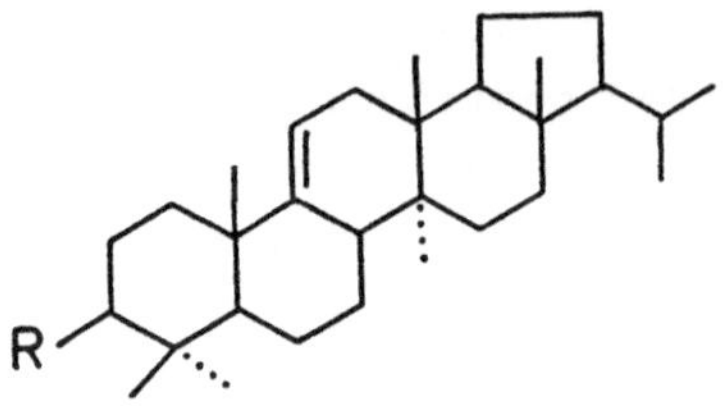

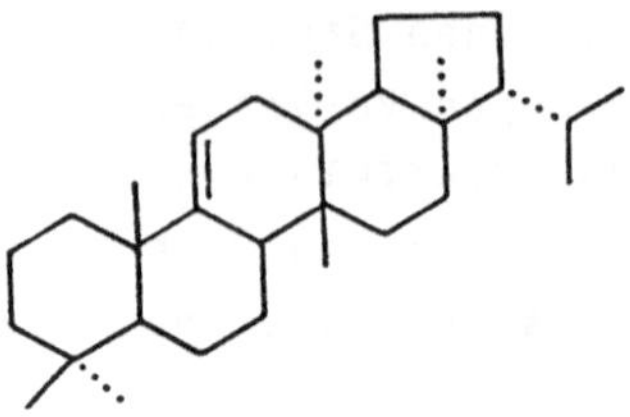

R = H : Arboren
R = OH: Isoarborinol

Fernen

In (niederen) Algen und einigen Bakterienstämmen treten pentacyclische Triterpene vom Hopan-Typ auf. Sie bilden sich auch in Abwesenheit von Sauerstoff durch eine säurekatalysierte Cyclisierung des Squalans. Die Ringe A bis D sind einheitlich aufgebaut. Unterschiede sind in der Verknüpfungsweise des Ringes E und in seiner Seitenkette zu finden, deren Kettenlänge bis zu fünf C-Atome betragen kann. Hop-17(21)-en und Diplopten kommen z.B. in Blaualgen vor:

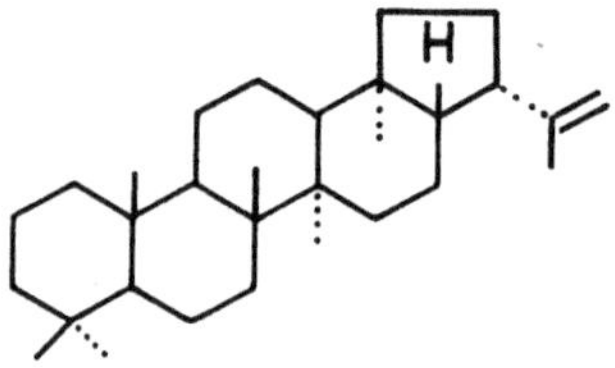

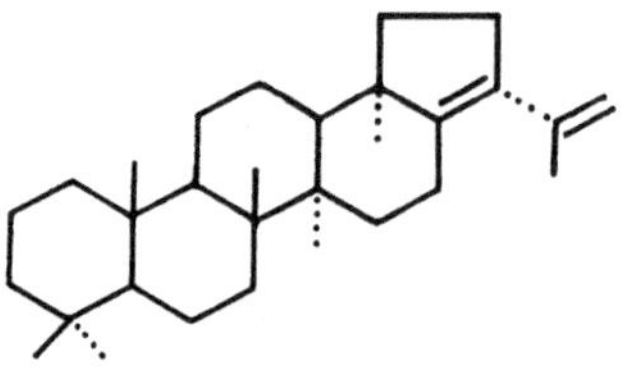

Hop-22(29)-en
(Diplopten)

Hop-17(21)-en

Hopanoide mit verlängerter Seitenkette sind in vielen Bakterien vorhanden. Bei den bisher untersuchten Eubakterien beinhalten die Rhodospirillaceae, die obligaten Methanotrophen und viele Cyanobakterien verschiedene Bakteriohopane: von denen das vierfach hydroxylierte C_{35}-Hopan am häufigsten vertreten ist.

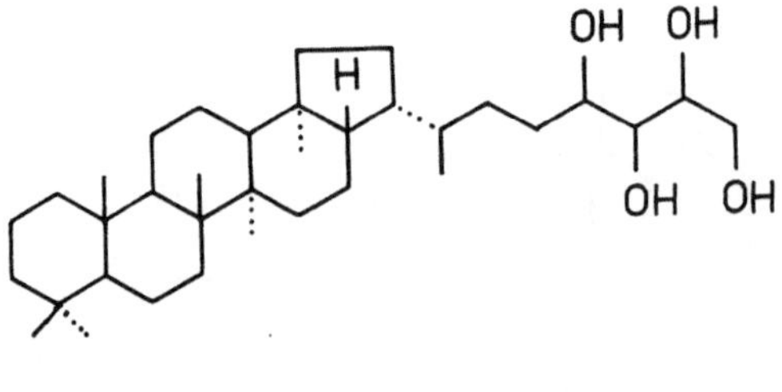

Tetrahydroxybacteriohopan

In rezenten Sedimenten sind die entsprechenden pentacyclischen Triterpene
ausnahmslos wiederzufinden. Terrestrische Sedimente enthalten die Triterpene der höheren Pflanzen, also hauptsächlich α- und β-Amyrine, sowie Betulin und die entsprechenden Triterpencarbonsäuren. Als Diagenesprodukte
treten noch Triterpene auf, deren Hydroxygruppe - ähnlich wie bei den Sterolen - zu einer Ketongruppe oxidiert ist.

Aquatische Sedimente (marine und lakustrine) zeigen meist ein komplizier-
tes Spektrum von verschiedenen pentacyclischen Triterpenen. Neben den
gesättigten C_{27}-, C_{29}-, C_{30}- bis C_{32}-Hopanen treten ungesättigte Triterpene (Trisnorhopan, Diplopten) sowie C_{31}- bis C_{33}-Hopansäuren auf:

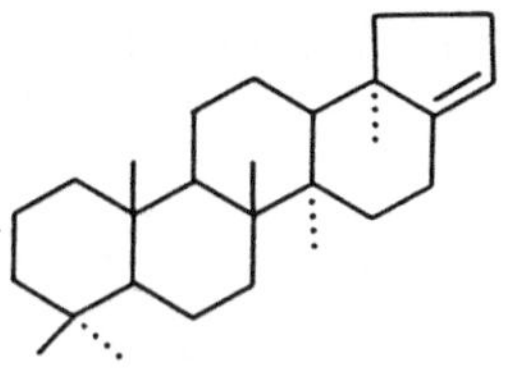

Trisnorhop-17(21)-en

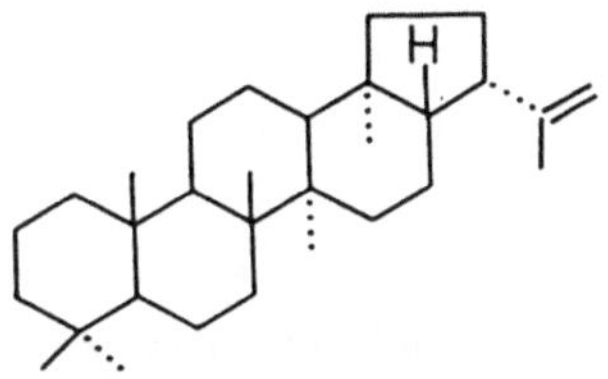

Diplopten

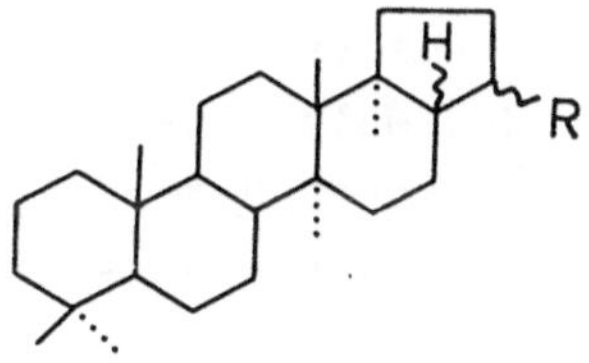

$R = H$: C_{27}-Hopan (Trisnorhopan)
$R = C_2H_5$: C_{29}-Hopan (Adiantan)
$R = C_3H_7$: Hopan
$R = C_4H_9$: C_{31}-Hopan (Homohopan)
$R = C_5H_{11}$: C_{32}-Hopan

Hopantetrole ergeben eine Reihe Abbauprodukte, von denen die C_{32}-Hopan-
säure weit verbreitet ist.

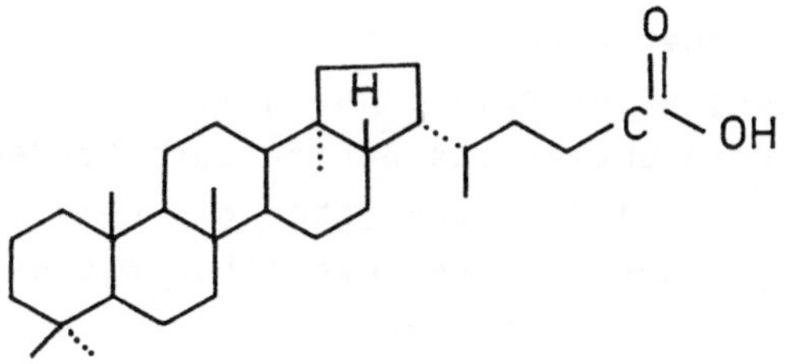

C_{32}-Hopansäure

Neben den ursprünglich vorhandenen biogenen pentacyclischen Triterpenen
treten auch solche, die aufgrund biogeochemischer Prozesse neu entstanden sind.

Das Spektrum der pentacyclischen Triterpene wird dadurch noch komplexer, weil neben den rezenten Triterpenen noch Geohopane aus dem fossilen organischen Input - je nach seinem Einfluß - dazugemischt werden. Die aus den Biohopanen durch thermokatalytische Prozesse entstandenen fossilen Geohopane sind jedoch vollständig abgesättigt und besitzen nur die thermodynamisch stabilere $17\alpha H$-Konfiguration am Ring E. Das instabilere $17\beta H$-Isomer ist dagegen auf eine biologische Bildungsweise zurückzuführen. Deshalb tritt in denjenigen rezenten Sedimenten, die kaum einer Zufuhr von bituminösem fossilen Material unterliegen, nur die $17\beta H$-Hopanserie von C_{27} bis C_{32} auf. Daneben sind noch triterpenoide Olefine (z.B. Olenanen) sowie als dominante Einzelverbindungen das Trisnorhopan (C_{27}-Hopan), Diplopten und $17\beta H,21\beta H$-Homohopan als Zeichen von Algenmaterial und bakteriellem Einfluß zu finden. Allerdings ist eine säurekatalytische Umwandlung von der $17\beta H$- in die $17\alpha H$-Konfiguration ebenfalls möglich.

Pentacyclische Triterpene aus höheren Pflanzen enthalten meist eine endocyclische Doppelbindung, die zudem in der 12,13-Stellung wie z.B. beim α- und β-Amyrin gegenüber einer Hydrierung (Wasserstoffanlagerung) sehr reaktionsträge ist. Dagegen kann die schon vorhandene Doppelbindung als Ansatzpunkt für die Einführung weiterer Doppelbindungen in das cyclische Gerüst und somit für Dehydrierungs- bzw. Aromatisierungsprozesse gesehen werden, die durch einen ähnlichen systematischen Umbau des Molekülgerüstes zu den polycyclischen Aromaten wie bei den tricyclischen Diterpenen führt. Es lassen sich dabei verschiedene stabile Zwischenstufen fassen.

Eine weitere Aromatisierung dieser Naphtheno-Aromaten führt sicherlich. zu den polycyclischen aromatischen Kohlenwasserstoffen (PAK) Chrysen und Picen mit und ohne Methylgruppen. Zu finden sind Verbindungen dieser Art in tieferen (älteren) Sedimentabschnitten von Seen und größeren Flüssen, in denen ein größerer Anteil an terrestrischem Pflanzenmaterial unter anaeroben Bedingungen zur Ablagerung gelangt. Die Ursachen für die Bildung dieser Naphtheno-Aromaten aus den entsprechenden pentacyclischen Triterpenen sind wahrscheinlich in anaeroben mikrobiellen Prozessen zu suchen, die entsprechende sedimentäre Umweltsbedingungen für biogeochemische Aromatisierungsprozesse schaffen.

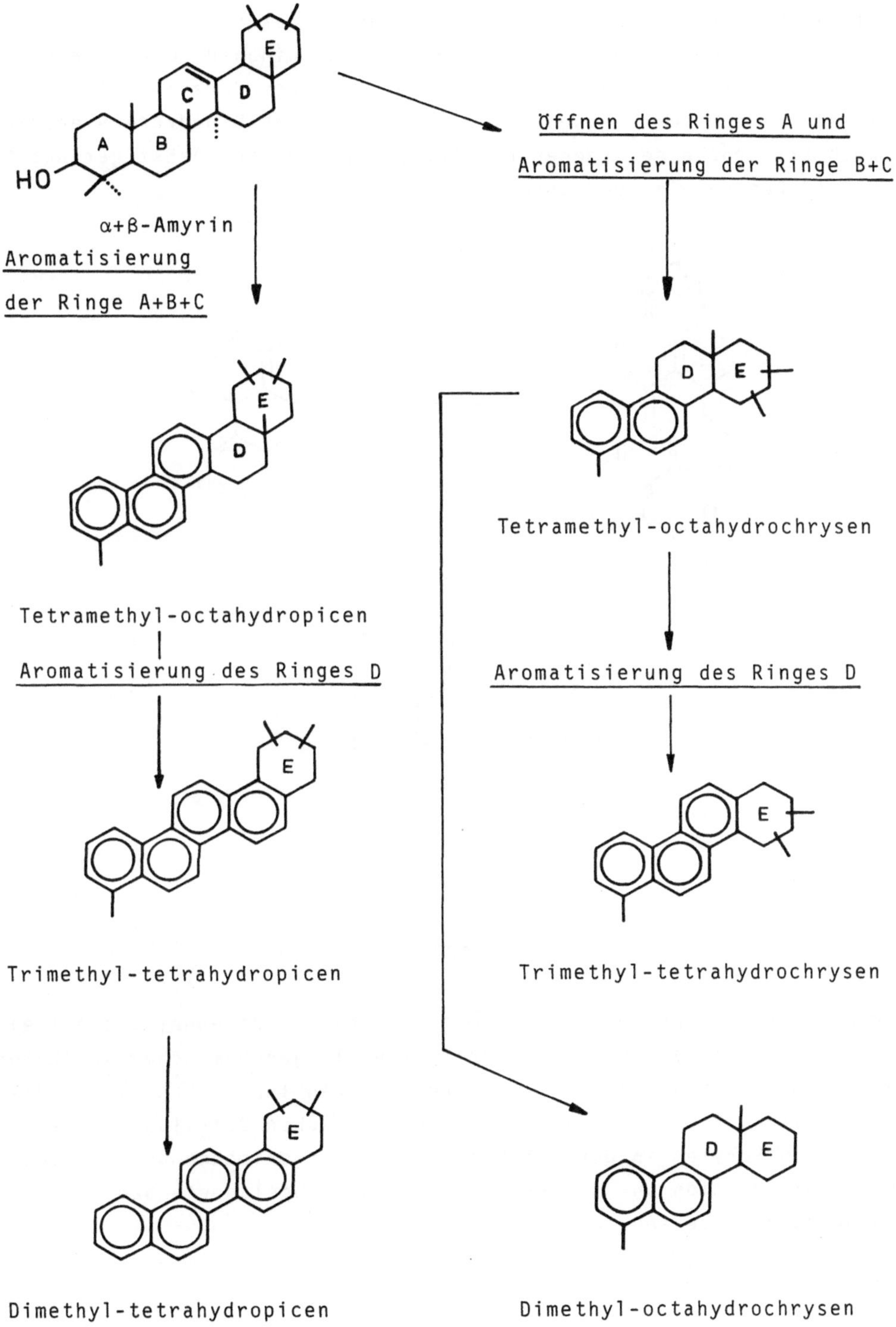

E
C
D
A
B
HO
α+β-Amyrin
Aromatisierung
der Ringe A+B+C
Öffnen des Ringes A und
Aromatisierung der Ringe B+C
E
D
Tetramethyl-octahydropicen
Aromatisierung des Ringes D
D
E
Tetramethyl-octahydrochrysen
Aromatisierung des Ringes D
E
Trimethyl-tetrahydropicen
E
Trimethyl-tetrahydrochrysen
E
Dimethyl-tetrahydropicen
D
E
Dimethyl-octahydrochrysen

Neben der "natürlichen" Bildung der PAK's vom Phenanthren- und Chrysen-
typ ist die Bildung des Perylens und sein ubiquitäres Vorkommen durch
einen Diageneseprozess aus pflanzlichen Hydroxychinon-Pigmenten erklärbar. Verbindungen dieser Art sind in Pflanzen, besonders in Pilzen, weit
verbreitet. Eine direkte Ausgangsverbindung ist das Dihydroperylenchinon.
Aber auch Erythroaphine ergeben bei Reduktion Perylen, nebst geringe Mengen an 1.12-Benzperylen und Coronen.

Dihydroperylenchinon

Perylen

Erythroaphin

Eine generelle Zunahme von Perylen mit der Teufe läßt ebenfalls auf eine
situ-Bildung schließen. Perylen eignet sich als geochemischer Indikator
für anoxische Bedingungen und für terrestrischen Input. Schnelle Sedimentationsraten, verbunden mit hohem terrestrischen Detritus ergeben hohe Anteile an Perylen in der PAK-Fraktion. Unter oxischen Bedingungen mit
geringer Akkumulation und terrestrischem Input abgelagerte Sedimente enthalten normalerweise sehr wenig Perylen.

C.2.2. Chlorophyll

Neben den bereits erwähnten pflanzlichen Farbstoffen mit Carotin- und Xanthophyll-Struktur sind die Chlorophylle der grünen Blattfarbstoffe als die weitaus wichtigsten Pigmente anzusehen.

Chlorophylle sind die zentralen Substanzen, die die photosynthetische Aktivität der Pflanzen ermöglichen. Chlorophyll a und b kommen in höheren Pflanzen und Grünalgen vor. Chlorophyll a und c findet man hauptsächlich in marinem Plankton. Chlorophyll a ist das häufigste Photosynthesepigment. Es ist aus vier Pyrrolringen aufgebaut, die mit je vier Methinbrücken zu einem Porphyrinring miteinander verbunden sind. Der hydrophile Porphyrinring ist zusätzlich noch mit dem lipophilen Seitenkettenalkohol Phytol verestert. Im Chlorophyll ist ein Magnesiumion chelatförmig im Zentrum des Porphyrinringes gebunden, wodurch auch die grüne Farbe hervorgerufen wird.

Die verschiedenen Chlorophylle unterscheiden sich nur unwesentlich voneinander. Im Chlorophyll b, der wichtigste Begleiter des Chlorophylls a, ist eine Methylgruppe durch eine Formylgruppe (-CHO) ersetzt. Chlorophyll c hingegen trägt u.a. keinen Phytol- sondern einen Farnesolrest. Bakteriochlorophyll a besitzt anstelle der CH_2=CH-Seitenkette eine CH_3-CO-Gruppe und einen reduzierten Ring II.

Der Abbau der Chlorophylle beginnt schon in der Pflanzenzelle, wie sich jeder vor dem herbstlichen Laubfall durch Buntfärbung der grünen Blätter überzeugen kann. Der Verlust des Magnesiums führt zu dem magnesiumfreien Pheophytin, als dem ersten fassbaren Diageneseprodukt vor der eigentlichen Sedimentation. Unter oxischen Bedingungen wirkt eine schnelle Hydrolyse unter Aufspaltung der Estergruppen. Es folgt dann eine oxidative Öffnung des isocyclischen Ringes und Bildung von Chlorin-P_6 und einer Serie von veränderten Chlorinen und Purpurinen. Danach findet ein weiterer schneller Abbau unter Öffnung des Tetrapyrrolringes statt, so daß die Erhaltungsmöglichkeit im oxischen Milieu gering ist. Hohe pH-Werte führen ebenfalls zu einer schnellen Zerstörung des Chlorophylls, während durch niedrige pH-Werte eine Umwandlung in Pheophytine beschleunigt wird.

Im anoxischen Milieu hingegen wird das Phylloerythrin gebildet, das nach Entfernung der funktionellen Gruppen schließlich in das Deoxophylloerytroetioporphyrin (DPEP) und unter Öffnung des isocyclischen Ringes in Etioporphyrin-III (ETIO) umgewandelt wird. Dabei erfolgt auf dem Schritt von den Pheophorbiden zu den stabilen DPEP- bzw. ETIO-Verbindungen eine vollständige Defunktionalisierung und Aromatisierung des Tetrapyrolringes.

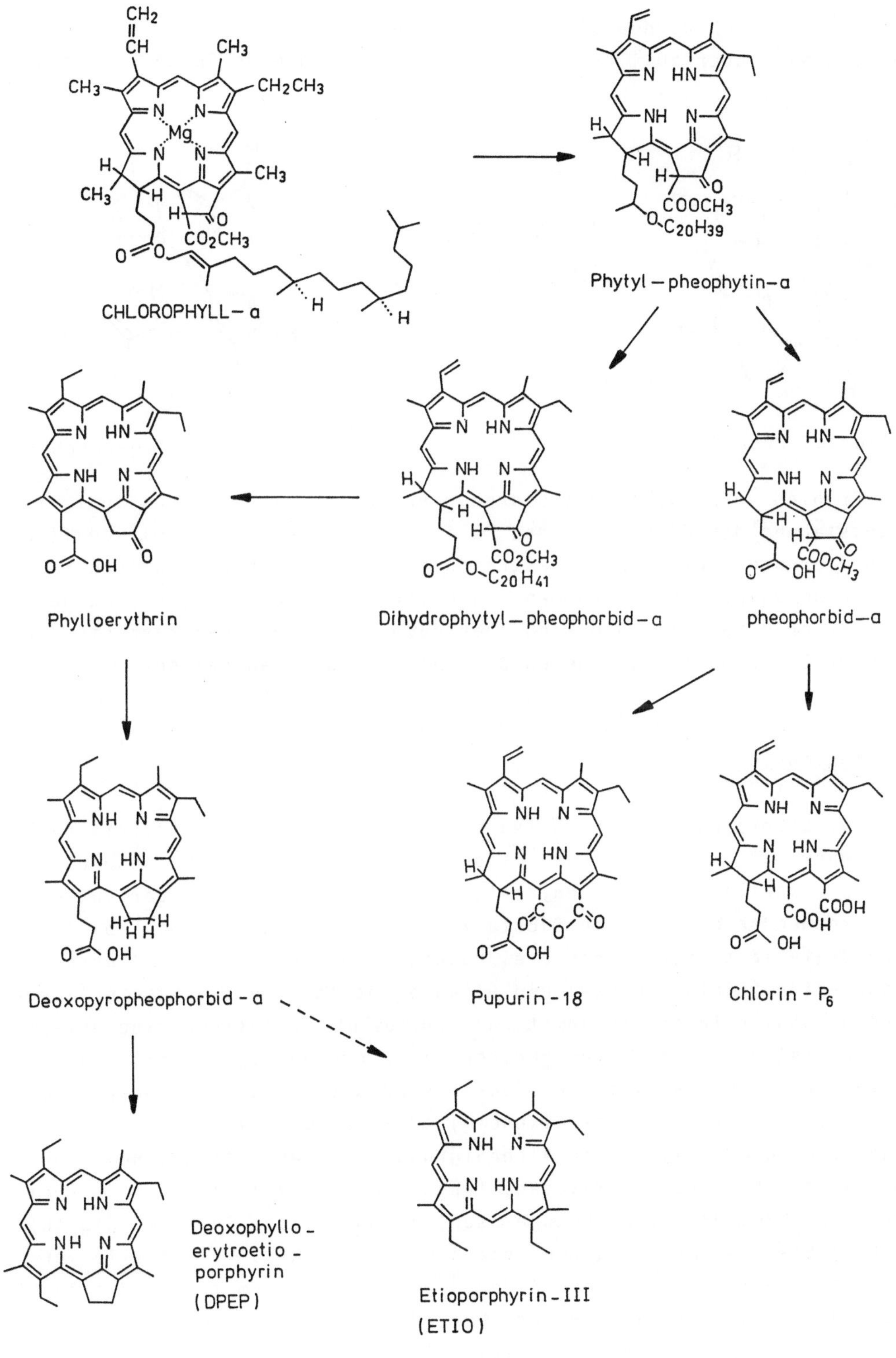

CH2
CH
CH3
CH3
CH2CH3
CH3
N
Mg
N
N
H
CH3
CH3
H
CH3
O
CO2CH3
O
O
H
H
CHLOROPHYLL-a

N
HN
NH
N
H
H
H
COOCH3
O-C20H39
Phytyl-pheophytin-a

N
HN
NH
N
H
O
OH
Phylloerythrin

N
HN
NH
N
H
H
O
CO2CH3
O-C20H41
Dihydrophytyl-pheophorbid-a

N
HN
NH
N
H
H
O
OH
COOCH3
pheophorbid-a

NH
N
N
HN
H
H
H
H
O
OH
Deoxopyropheophorbid-a

NH
N
N
HN
H
H
C
O
O
C
O
O
OH
Pupurin-18

NH
N
N
HN
H
H
COOH
COOH
O
OH
Chlorin-P6

N
HN
NH
N
Deoxophyllo-
erytroetio-
porphyrin
(DPEP)

NH
N
N
HN
Etioporphyrin-III
(ETIO)

Im fossilen Bereich werden die metallfreien DPEP- und ETIO-Porphyrine
wieder mit Ni^{2+} oder VO^{2+} chelatisiert und ergeben eine Reihe von metal-
lierten DPEP- und ETIO-Serien.

$$X = VO, Ni$$

$$R = H, CH_3, C_2H_5$$

metalliertes DPEP-Porphyrin   metalliertes ETIO-Porphyrin

Die in Erdölen vorhandenen Petroporphyrine gelten als sicheres Indiz für
eine Entstehung des Erdöls aus den Relikten von Organismen. Die qualita-
tiven Differenzen zwischen terrestrischen, lakustrinen und marinen Sedimenten in Bezug auf das Vorkommen von Chlorophyllabkömmlingen scheinen
nicht sehr groß zu sein. Man kann aber davon ausgehen, daß terrestrische
Böden mehr Chlorophylle und deren Diageneseprodukte enthalten.

C.2.3. Kohlenhydrate

Cellulose, Stärke und Zucker zählen zu der wichtigen Naturstoffklasse
der Kohlenhydrate, die größtenteils der Summenformel $C_nH_{2n}O_n$ gehorchen.
Mengenmäßig stellen die Kohlenhydrate den größten Anteil an der auf der
Erde vorkommenden organischen Substanz. Das sehr umfangreiche Gebiet der
Kohlenhydrate läßt sich in die drei Hauptgruppen der wasserlöslichen
Monosaccharide (Einfachzucker) und Oligosaccharide (Mehrfachzucker), sowie der hochmolekularen und somit wasserunlöslichen Polysaccharide unterteilen. Zu den Monosacchariden gehören die Pentosen (C_5-Zucker) und Hexosen (C_6-Zucker). Diese einfachen Zucker sind als Oxydationsprodukte mehr-
wertiger Alkohole (Polyhydroxyalkohole) aufzufassen, die - je nachdem,
ob eine primäre oder sekundäre Alkoholgruppe oxydiert ist - eine Aldehyd-
(Aldosen) oder Ketogruppe (Ketosen) tragen. Ferner existieren vier (bei
Aldohexosen) bzw. drei (bei Ketohexosen) asymmetrische C-Atome, die $16(2^4)$
bzw. $8(2^3)$ Stereoisomere ergeben, die aber in der Natur nicht alle vorkommen. Neben der offenkettigen Aldehyd- bzw. Keto-Form treten die Zucker
meistens durch eine intramolekulare Verknüpfung der Carbonylgruppe mit
einer Hydroxylgruppe des gleichen Moleküls in Sechsringen (Pyranosen)

oder Fünfringen (Furanosen) in α- oder β-Form auf. Die wichtigsten Hexosen und Pentosen sind die Glucose bzw. die Ribose:

β-D-Glucopyranose β-D-Ribofuranose

Die Pentosen kommen im Pflanzenreich hauptsächlich als Polysaccharide im Holz (Pentosane) und in allen Organismen als Bestandteile der Nucleinsäuren vor. Unter den Hexosen ist die Glucose der weitaus wichtigste Zukker, da er das zentrale Photosyntheseprodukt darstellt und aus den bei der CO_2-Reduktion entstandenen Primärprodukten gebildet wird.

Die natürlich vorkommenden Pentosen und Hexosen sind:

Pentosen	Hexosen
Ribose	Glucose
Xylose	Galactose
Arabinose	Fructose
	Rhamnose
	Fucose

Zu den Oligosacchariden werden die Disaccharide gezählt, die aus zwei Monosacchariden durch Verknüpfung zweier Hydroxylgruppen unter Wasseraustritt gebildet werden. Es sind dies die Saccharose (Rohrzucker), die aus einer Glucose und einer Fructose, und die Lactose (Milchzucker), die aus Glucose und Galactose aufgebaut sind. Ferner wären die Maltose und die Cellobiose zu nennen die aus 2 Glucoseresten bestehen. Letztere ist ein Abbauprodukt der Cellulose.

Die wichtigsten Polysaccharide Cellulose, Stärke und Glykogen sind aus D-Glucosemolekülen aufgebaut, die unter Wasseraustritt aneinandergefügt worden sind. Auf diese Weise werden diese Makromoleküle gebildet, und nur eine unterschiedliche Verknüpfungsweise der Glucosereste führt entweder zu dem Gerüstbaustoff Cellulose oder zu den Speicherprodukten Stärke und Glykogen, die als Energiereserve dienen.

Cellulose

Zu den tierischen Polysacchariden zählt auch das Chitin, das bei vielen Pilzen, Arthropoden und Insekten das Stützskelett bildet. Es besteht, ähnlich wie Cellulose, aus linearen Makromolekülen. Das Monomer ist eine abgewandelte Glucose, das N-Acetyl-glucosamin, das anstelle einer Hydroxygruppe eine acetylierte Aminogruppe besitzt.

Eine Hydrolyse der Oligo- und Polysaccharide führt wieder zu einer Aufspaltung in die entsprechenden Monosaccharide. Auf diese Weise ist es möglich, zwischen "freien" Zuckern und den in Makromolekülen "gebundenen" Zuckern zu unterscheiden.

Während das terrestrische organische Material keine große Variation in der Verteilung der verschiedenen Zucker besitzt und dabei die Glucose vorherrscht, variiert die Kohlenhydratzusammensetzung von marinem Plankton beträchtlich. Dennoch besteht eine generelle Reihenfolge in dem Vorkommen von freien und gebundenen Zuckern, die in Tabelle 10 zusammengefaßt sind.

Tabelle 10. Freie und gebundene Monosaccharide in planktonischen Organismen und marinen Sedimenten

	MARINES	
	PLANKTON	SEDIMENT
ABNEHMENDE KONZENTRATION →	Galactose	Galactose
	Glucose	Mannose
	Mannose	Glucose
	Ribose	Rhamnose
	Xylose	Ribose
	Fucose	Xylose
	Rhamnose	Arabinose
	Arabinose	

Es überwiegen dabei die Hexosen über die Pentosen. In marinen Sedimenten findet man eine sehr ähnliche Reihenfolge mit insgesamt etwa 2 Milligramm pro Gramm trockenes Oberflächensediment (Tabelle 10).

In lakustrinen Sedimenten aus oligotrophen Seen sind die Konzentrationen an freien Zuckern außerordentlich gering. Eutrophierte Seen enthalten dagegen höhere Anteile an Glucose und Maltose. In den Hydrolysaten ("gebundene" Zucker) sind Galactose, Glucose, Arabinose, Xylose und Mannose vorhanden. An dem Auftreten dieser Monosaccharide sind auch zwischen oxischen und anoxischen Sedimenten kaum Unterschiede zu finden. Dagegen scheint das Glucose-Ribose-Verhältnis ein Indikator für fazielle Unterschiede des organischen Materials zu sein. Ein hohes Verhältnis (>20) deutet **auf a**bgelagerten Landpflanzendetritus, ein niedriges Verhältnis (<4) auf planktonisches Material hin. Unter den Kohlenhydraten sind besonders die Zucker begehrte Nahrungsstoffe und zudem noch leicht wasserlöslich. Deshalb haben die Kohlenhydrate (die Polymeren lassen sich mehr oder weniger leicht hydrolysieren) im aquatischen Milieu nur geringe Überlebenschancen. Ferner ist an ihnen auch ein anaerober Abbau möglich, so daß sie schon in geringen Sedimentteufen bis auf geringe Anteile vollständig abgebaut werden und im fossilen Bereich nur in geschützter Form, z.B. in biologisch gebildeten Karbonat-, Silikat- und Phosphat-Ablagerungen noch wiederzufinden sind.

C.2.4. Aminosäuren und Proteine

Den Proteinen oder Eiweißstoffen kommt in den Organismen aufgrund ihrer hohen strukturellen Ordnung eine besondere Bedeutung zu. Proteine sind hochmolekulare, kolloidale Naturstoffe, die sich aus verschiedenen α-Aminosäuren (max. 20 verschiedene) als Grundbausteine (Monomere) zusammensetzen. Diese sind ebenso wie die Monosaccharide leicht wasserlöslich. Alle natürlichen α-Aminosäuren (Ausnahme: Glycin) besitzen ein asymmetrisches α-C-Atom, gehören aber in den Proteinen fast ausnahmslos der L-Reihe an.

$$\begin{array}{c} COOH \\ | \\ H_2N\!-\!C^{\alpha}\!-\!H \\ | \\ R \end{array} \qquad \begin{array}{l} R = \text{aliphatisch,} \\ \quad\ \text{aromatisch oder} \\ \quad\ \text{heterocyclisch} \end{array}$$

L-Aminosäuren

Wichtige Aminosäuren sind z.B. Glycin, Alanin- und Glutaminsäure.

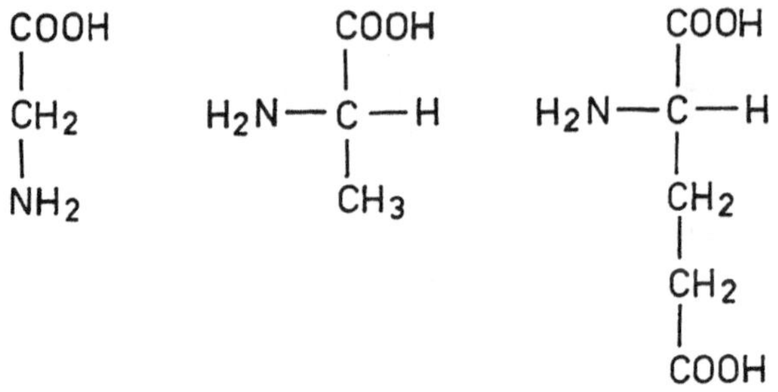

$$
\begin{array}{ccc}
\text{COOH} & \text{COOH} & \text{COOH} \\
| & | & | \\
\text{CH}_2 & \text{H}_2\text{N}-\text{C}-\text{H} & \text{H}_2\text{N}-\text{C}-\text{H} \\
| & | & | \\
\text{NH}_2 & \text{CH}_3 & \text{CH}_2 \\
& & | \\
& & \text{CH}_2 \\
& & | \\
& & \text{COOH}
\end{array}
$$

Glycin   L-Alanin   L-Glutaminsäure

Neutrale Aminosäuren besitzen pro Molekül die gleiche Anzahl von Amino-
und Carboxylgruppen. Ist das nicht der Fall, ergeben sich aus ihrem chemischen Verhalten, je nachdem ob Amino- oder Säuregruppen überwiegen,
basische oder saure Aminosäuren. Ferner existieren einige Aminosäuren,
die noch zusätzlich Schwefel enthalten.

Die Verknüpfung der einzelnen Aminosäuren zu langen Peptidketten, die
über 100 Aminosäuren beinhalten können, erfolgt jeweils über die Peptid-
bindung, indem sich in fortgesetzter Reihenfolge jeweils eine Carboxylgruppe der einen Aminosäure mit der Aminogruppe der folgenden unter Wasserabspaltung miteinander verbinden. Diese Reaktion ist reversibel, d.h. die
Peptidketten sind in der Hydrolyse wieder in die Monomeren aufspaltbar.

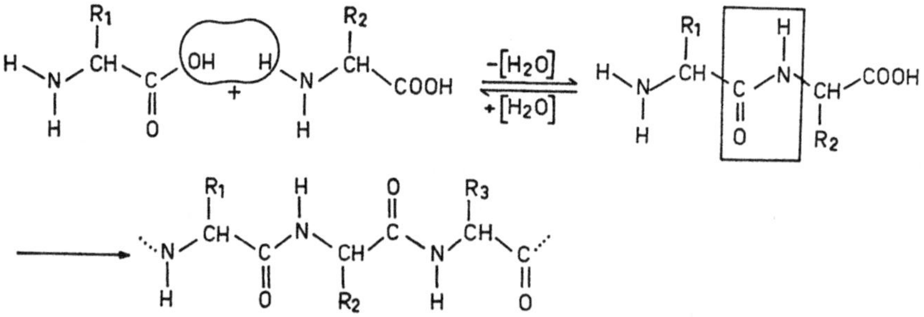

Peptidkette

Proteine sind Polypeptide und lassen sich generell in Struktur- und
Steuerproteine unterscheiden. Erstere sind für den Zellaufbau verantwortlich, während die anderen Regulatoren und Biokatalysatoren darstellen.

Die Zellwand der Bakterien besteht größtenteils aus dem Glucopeptid Murein. Dieses Makromolekül ist ein Heteropolymer und besteht aus Ketten von N-Acetyl-muraminsäure Einheiten (ein N-Acetyl-glucosamin Derivat), die untereinander über peptidartig gebundene Aminosäureeinheiten (hauptsächlich L-Alanin, D-Glutaminsäure) quervernetzt sind.

Im aquatischen Milieu haben die Proteine einen weitaus größeren Anteil an der Biomasse als im terrestrischen Bereich. Sie stellen 50 bis 75% bzw. 35 bis 55% des organischen Materials in Bakterien bzw. Plankton. In den Hydrolysaten ("freie" und "gebundene" Aminosäuren) findet man die entsprechenden L-Aminosäuren (Tabelle 11).

Tabelle 11. Freie und gebundene Aminosäuren in marinem Plankton und Sedimenten.

MARINES	
PLANKTON	SEDIMENT
Glycin	Arginin
Alanin	Glutaminsäure
Glutaminsäure	Alanin, Valin, Glycin,
Asparaginsäure	Isoleucin, Leucin,
Leucin	Prolin, Threonin,Gerin,
Serin	Rhemylalanin, Aspara-
Threonin	ginsäure, Lysin

(ABNEHMENDE KONZENTRATION →)

Die Hauptquelle der Aminosäuren in Sedimenten liegt in der Zersetzung der Proteine aus totem, pflanzlichen Material und den zersetzenden Mikroorganismen. In Böden ist der Anteil an freien Aminosäuren extrem niedrig, so daß sie meistens in gebundener Form vorhanden sind. Es dominieren zwar Arginin und Glutaminsäure oder auch Alanin, Glycin und Prolin leicht, im übrigen erhält man aber eine recht uniforme Verteilung der übrigen Aminosäuren. So zeigen aquatische Sedimente ein sehr ähnliches Verteilungsbild wie es auch im Humus anzutreffen ist (Tabelle 11).

Unter reduzierenden Bedingungen abgelagerte rezente Sedimente haben Anteile zwischen 200 und 800 ppm, bezogen auf das Trockensediment und zeigen keinen generellen Trend in Bezug auf die Teufe in den oberen Sedimentabschnitten. Oxische Sedimente hingegen verlieren rasch die Aminosäuren mit zunehmender Teufe. In beiden faziellen Bereichen sind aber Glycin, Alanin und Asparaginsäure die dominanten Vertreter. Dies gilt auch für

rezente Frischwassersedimente. Asparagin- und Glutaminsäure treten als
extrazelluläre Produkte von Plankton auf, die damit ihren Calciumhaus-
halt kontrollieren können. Unterscheidet man die Aminosäuren nach ihrem
Bauprinzip und chemischen Verhalten, so sind die Aminosäuren mit cyclischen Resten im terrestrischen Detritus bevorzugt, während mariner Einfluß durch saure Aminosäuren angezeigt werden kann.

Erhebliche Unterschiede sind in dem Aminosäurespektrum zu verzeichnen,
das nicht aus Proteinen stammt. Es ist anzunehmen, daß bei mikrobiellen
Umsetzungen eine Reihe dieser speziellen Aminosäuren entstehen. Auf ähnliche Weise ist auch das Vorkommen von D-Alanin und D-Glutaminsäure in
frisch abgelagerten Sedimenten erklärbar, da nicht anzunehmen ist, daß
die thermodynamisch stabileren D-Isomeren durch thermische Prozesse aus
den L-Formen isomerisiert werden.

Generell ist in fossilen Sedimenten der Gehalt an Aminosäuren gering.
Eine gewisse Überlebenschance besteht aufgrund der Tatsache, daß sie bevorzugt am übrigen organischen Material, besonders an den Humusstoffen
adsorbiert werden und für den Reststickstoffgehalt fossiler Sedimente
verantwortlich sind.

C.2.5. Bildung von Huminstoffen

Neben den bereits vorgestellten Biopolymeren Cellulose, Stärke und Proteine, die nach einem einheitlichen Bauprinzip mit gut definierten Bau-
steinen aufgebaut sind, treten in der Natur noch weitere Biopolymere auf,
die mehr oder weniger unheitlich und komplex aufgebaut sind. Dazu gehören das Lignin, Cutin und Suberin.

Cutin und Suberin:

Cutin (Blattüberzug), eine strukturelle Komponente von Pflanzenkutikulen,
ist ein Polyester aus Hydroxy- und Epoxy-Fettsäuren mit 14 bis 26 Kohlenstoffen. Suberin (Korkstoff) wird im Innern von Pflanzengeweben aus
Hydroxy- und Dicarbonsäuren (C_8 bis C_{22}) gebildet. Beide Wandsubstanzen
sind hydrophob. Wahrscheinlich ist der Polymerisationsgrad beim Suberin
geringer. Chemisch verwand , aber mit einem noch höheren Polymerisationsgrad versehen, ist das Sporopollenin, einem Wandstoff von Pilzsporen
und Pollen.

Cutin und Suberin, besonders aber Sporopollenin sind biochemisch und chemisch außerordentlich inerte Substanzen. Mikroorganismen sind aber in der Lage mit Hilfe von extracellulären Enzymen (Cutinasen) einen Abbau in entsprechende Hydroxycarbonsäuren zu bewerkstelligen.

Lignin:

Der Mischkörper Holz besteht aus faserförmiger zugfester Cellulose, die von druckfestem Lignin umschlossen ist. Lignin, die nach der Cellulose mengenmäßig wichtigste organische Substanz, ist ein typisches Produkt von höheren Landpflanzen. Es entsteht durch eine dehydrierende Polymerisation der Phenylpropylalkohole Cumarylalkohol, Coniferylalkohol und Sinapylalkohol:

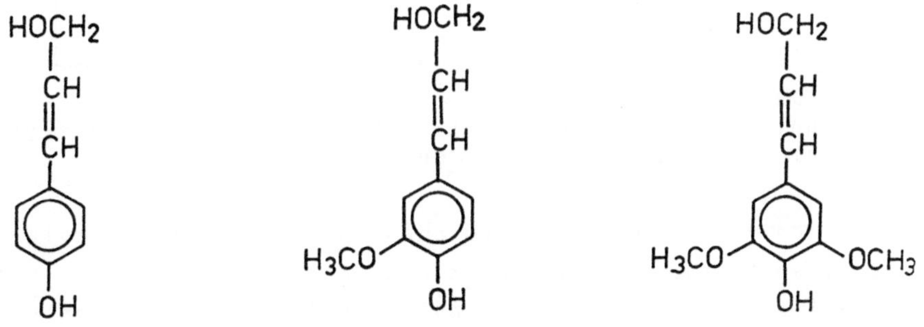

p-Cumarylalkohol   Coniferylalkohol   Sinapylalkohol

Die Dehydrierung erfolgt enzymatisch zu Radikalen, die in mannigfacher Weise zu einem dreidimensional polymerisierenden Riesenmolekül Lignin zusammengeschlossen werden. Lignin ist demnach chemisch keine einheitlich definierbare Verbindung, sondern eine sehr komplex zusammengesetzte Substanz (Abb. 12).

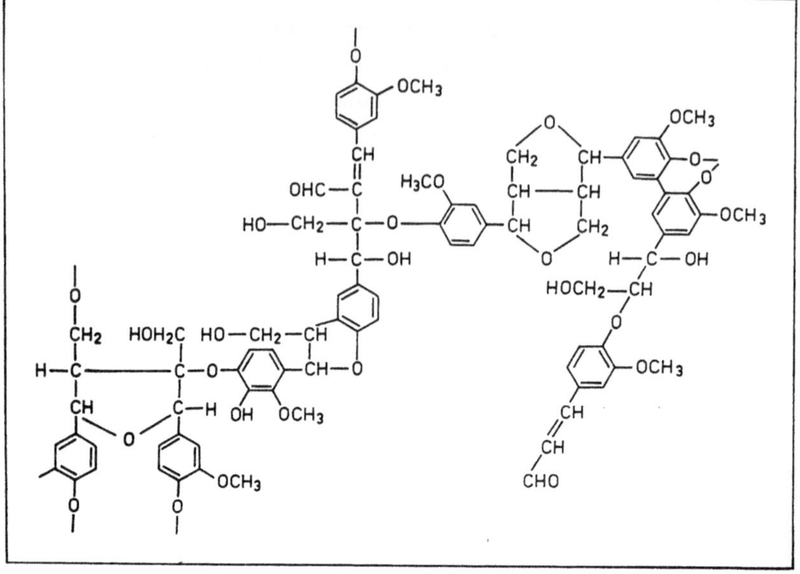

Abb. 12. Ausschnitt aus einem Ligninmolekül, das als charakteristische
Elemente Phenylpropan-Einheiten enthält

Gymnospermen-Lignin besteht zum überwiegenden Teil aus Coniferylalkohol-
Resten. Dicotylen-Lignin (zweikeimblättrige Bedecktsamer) enthält zu
gleichen Anteilen Coniferyl- und Sinapylalkohol. Im Monocotylen-Lignin
sind dagegen neben den beiden anderen Komponenten auch p-Cumarylalkohol
in größeren Mengen eingebaut. Der Methoxylgruppengehalt ist also eine
wichtige Kenngröße für die Herkunft eines Lignins.

Lignin ist das pflanzliche Massenprodukt, das biologisch am langsamsten
abgebaut wird, da es nicht hydrolysierbare C-C- und C-O-Bindungen enthält.
Deshalb ist das Lignin die Hauptquelle der sich nur langsam zersetzenden
organischen Substanz des Bodens, insbesondere der Huminsäuren. Der Lig-
ninabbau erfolgt in nennenswerten Mengen nur durch Pilze im aeroben Bereich. Einige Bakterienstämme sind ebenfalls dazu befähigt. An Zwischen-
produkten treten eine Reihe von Phenol-Aldehyden und aromatischen Säuren
auf.

Dies sind u.a.:

$R_{1,2}$ = -H: p-Hydroxy-benzaldehyd

R_1 = -H; R_2 = -OCH$_3$: Vanillin

R1,2 = -OCH$_3$: Syringaaldehyd

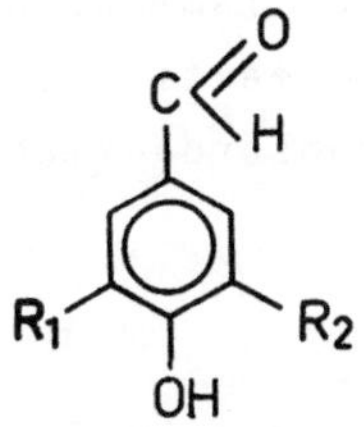

$R_{1,2}$ = H: p-Hydroxy-benzoesäure

R_1 = H; R_2 = OCH$_3$: Vanillinsäure

$R_{1,2}$ = -OCH$_3$: Syringasäure

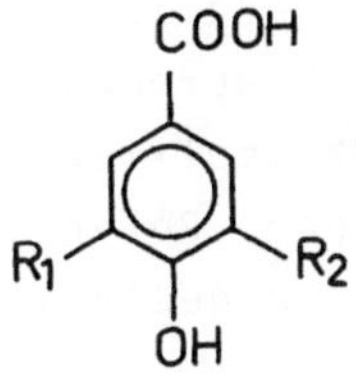

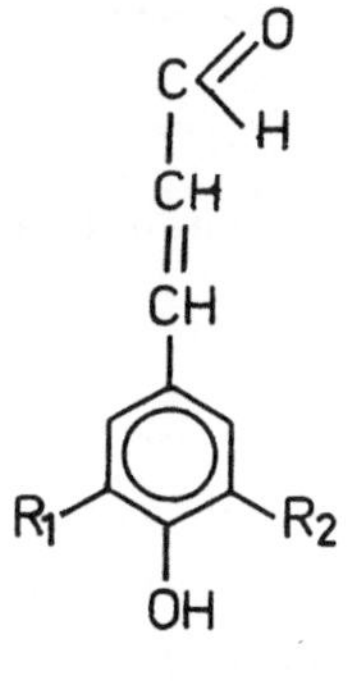

$R_{1,2}$ = -H: p-Cumaraldehyd

R_1 = -H; R_2 = -OCH$_3$: Coniferylaldehyd

$R_{1,2}$ = -OCH$_3$: Sinapinaldehyd

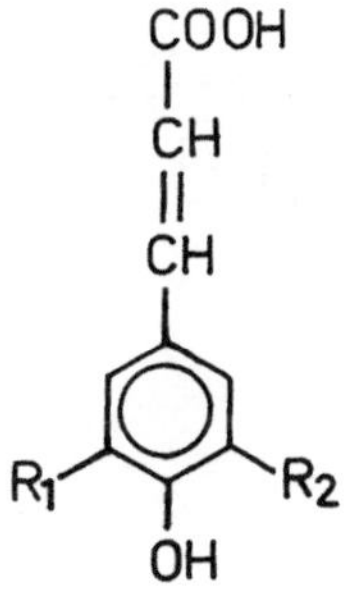

$R_{1,2}$ = -H: p-Cumarsäure

R_1 = -OCH$_3$; R_2 = H : Ferulasäure

$R_{1,2}$ = -OCH$_3$: Sinapinsäure

Diese aus dem Lignin stammenden Abbauprodukte sind z.T. sehr instabil
(z.B. Aldehyde) und reaktiv. Sie neigen mit anderen Substanzen zur Bildung von Kondensationsprodukten.

Huminbildung:

Der Abbau des überwiegenden Teils der abgestorbenen organischen Substanz
vollzieht sich im terrestrischen Bereich im Boden. Die leicht abbaubaren
Stoffe, wie Zucker und Aminosäuren, werden schnell endoxidiert. Zurück
bleiben die für Mikroorganismen schwer abbaubaren Pflanzenreste, vor
allem Lignin, aber auch Wachse, Fette, Kohlenhydrate und Proteinbestand-
teile. Sie werden in chemisch wenig klar definierbare polymere Stoffe
überführt. Zu den Abbauprodukten aus der abgestorbenen organischen Substanz kommen noch Metaboliten der Mikroorganismen hinzu. Hierzu zählen
besonders Hydrochinone, Polyphenole und Polyphenolcarbonsäuren, von denen
einige exemplarisch vorgestellt seien:

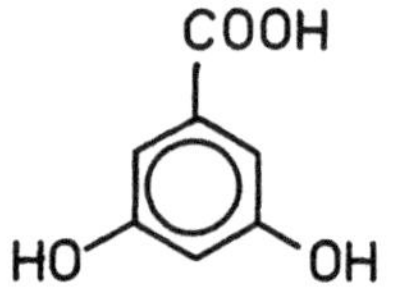

Dihydroxybenzoe- säure	Resorcin	Phloroglucin	Methyl-hydroxy- hydrochinon

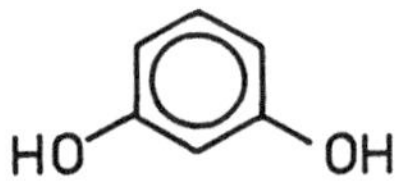

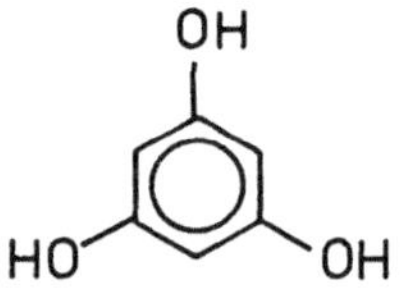

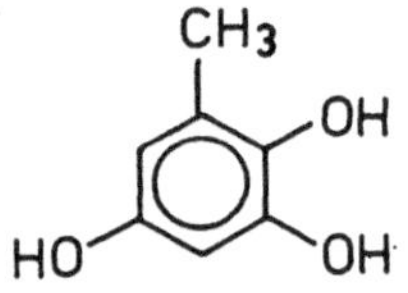

Die Polyphenole fügen sich durch oxidative Kondensationsreaktionen zu
größeren Moleküleinheiten zusammen. Chinone sind z.B. in der Lage, mit
Aminosäuren Kondensationsprodukte zu bilden, die zu braunen, wenig definierbaren stickstoffhaltigen Polymeren weiterreagieren.

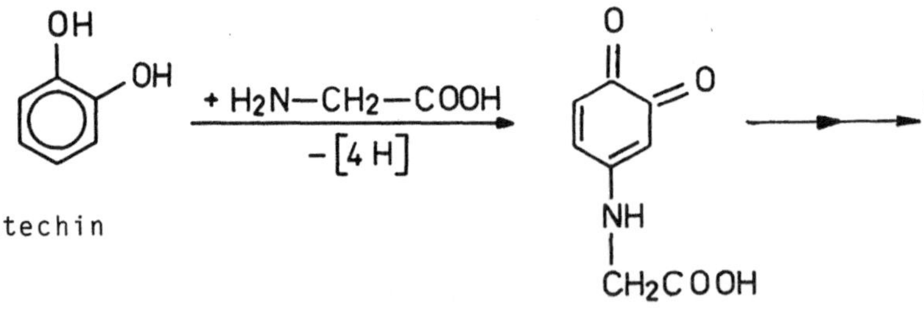

Catechin $\quad + H_2N-CH_2-COOH \quad -[4H] \quad \longrightarrow \quad$ braune stickstoff-
haltige Polymere

Aminosäuren und Zucker können miteinander reagieren und bilden schließlich braune Melanoidine ("Maillard-Reaktion"). In der ersten Phase entstehen aus Kohlenhydraten und Aminosäuren außerordentlich reaktive, poly-
funktionelle Di- und Tricarbonyl-Verbindungen, die sich über Aldimine und
Ketimine in der zweiten Phase zu heteropolymeren, braungefärbten Melanoi-
dinen stabilisieren. Die Melanoidine sind ferner in der Lage, Phenole und
Lipidstoffe mit funktionellen Gruppen aufzunehmen. So werden im Zusammenspiel mit den übrigen Huminstoffen Heteropolymerisate mit großen Molekulargewichten aufgebaut.

Die reaktiven Substanzen durchdringen aber auch das partikuläre organische Material und reagieren in einem Humifizierungsprozess unter Humusbildung. Die Erhaltung der Huminsubstanzen hängt von der Geschwindigkeit
der Endoxidation ab, die letztendlich von dem Sauerstoffzutritt gesteuert wird. Huminstoffe bilden sich also durch eine Zusammenführung der verschiedenen pflanzlichen Baustoffe, wobei sich je nach Zutaten stickstoff-
arme oder -reiche Humusstoffe bilden können. Anteilsmäßig stellen sie den
Hauptteil des sedimentären organischen Materials in Böden (Abb. 13).

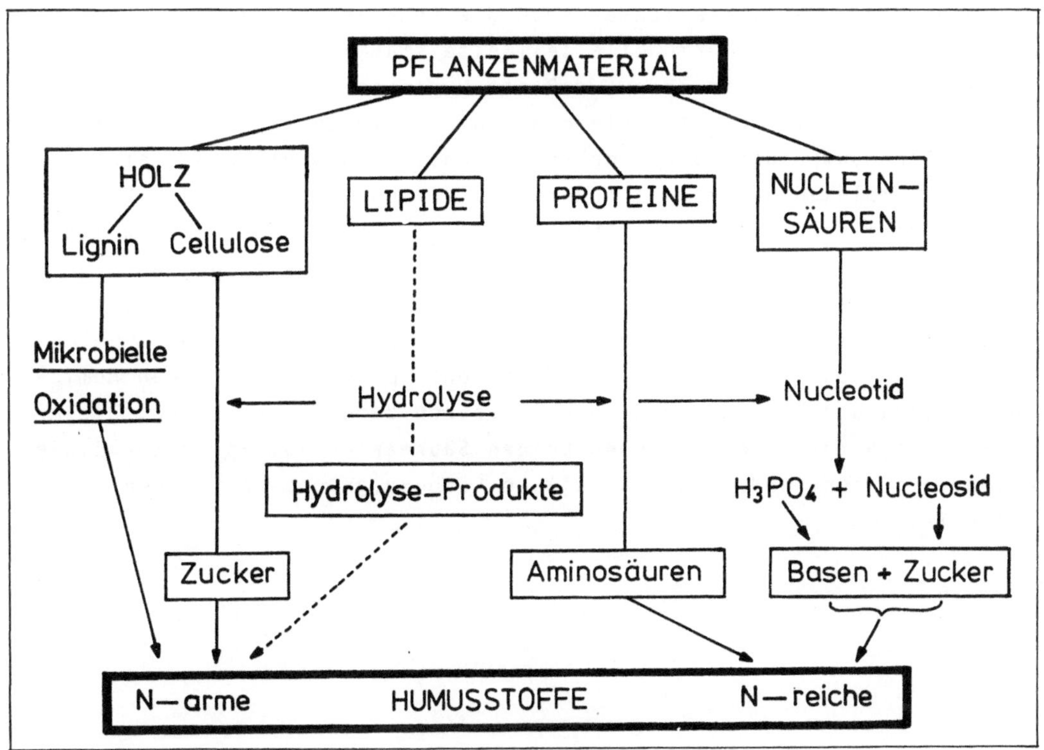

Abb. 13. Bildung von Humusstoffen aus Pflanzenmaterial.

Sie stellen also ein Gemisch aus mehr oder weniger reaktiven Molekülen ver-
schiedenster Herkunft mit einer sehr großen Molekulargewichtsstreuung
dar. Es gibt sehr große Molekülaggregate mit bis zu 100 Å Durchmesser
und über 10^5 Dalton.

Ein weiteres Charakteristikum ist das Auftreten verschiedener funktioneller Gruppen in Huminstoffen. Es sind dies:

Carboxyl:	$-COOH$
phenolische Hydroxyl:	$ar-OH$
alkoholische Hydroxyl:	$aliph-OH$
Carbonyl:	$R-CO-R$
Methoxy:	$-O-CH_3$
Heteroatome:	N und S

Über die Strukturelemente der Huminstoffe ist viel spekuliert worden.
Selbst über die Molekulargewichte gehen die Angaben weit auseinander.
Deshalb weichen die Stukturmodelle teilweise stark voneinander ab. Man
kann aber als gesichert annehmen, daß die Huminstoffe komplexe Polyanio-
nen mit variablen d.h. nicht definierbaren Strukturen darstellen. Struk-
turanalytische Untersuchungen ergeben jedoch, daß sowohl große Anteile
an Aromatenkomplexen als auch aliphatische Ketten vorhanden sein können.
Der erste Anteil stammt von den Abbauprodukten des Lignins, der zweite
läßt sich mit dem Einbau von ungesättigten oder mit funktionellen Gruppen ausgestatteten Lipidstoffen (besonders aus mikrobiellen Aktivitäten)
erklären. Die Huminstoffe lassen sich in alkaliunlösliches Humin und alkali-
lösliche Humin- oder Fulvinsäuren auftrennen. Im Gegensatz zu den Huminsäuren bleiben die Fulvinsäuren auch im sauren Bereich in Lösung. Dieser
physikalische Unterschied zwischen beiden Säurearten ist in erster Linie
im Molekulargewicht und an dem Anteil an Carboxylgruppe, zu suchen
(Tabelle 12).

Tabelle 12. Elementare Zusammensetzung der Humin- und Fulvinsäuren

	HUMINSÄUREN	FULVINSÄUREN
Kohlenstoff	58-62 Gew. %	43-52 Gew. %
Wasserstoff	2,9-5,4 Gew. %	3,4-5,1 Gew. %
Stickstoff	3,4-4,8 Gew. %	1,2-4,1 Gew. %
Sauerstoff	29-32 Gew. %	43-51 Gew. %
H/C-Atomverhältnis	0,56-1,12	1,27-1,42
O/C-Atomverhältnis	0,35-0,41	0,62-0,63
Mittlere Molekulargewichte	2000-7000 ?	20 000-90 000 ?
-COOH-Gruppen (meq/100g)	150-300	610-910
-phenolische OH (meq/100g)	290-570	270-570

Die Angaben über die Molekulargewichte differieren sehr stark. Doch scheinen aquatische Humin- und Fulvinsäuren erheblich kleiner zu sein. Die Huminsäuren werden mit etwa 1000 bis 10.000 Dalton, die Fulvinsäuren mit 500-1000 Dalton angegeben. Unterschiede zwischen terrestrischen und marinen Humin- und Fulvinsäuren sind in der Aromatizität gegeben: Die aromatischen Strukturelemente sind bei terrestrischen Huminsäuren größer als bei denen, die aus dem marinen Bereich stammen. Somit kommen z.B. die phenolartigen Verbindungen bevorzugt in terrestrischen Huminsäuren vor. Die aliphatischen Anteile in Form von Polyethern sind dagegen bei marinen (aquatischen) Huminsäuren größer. Marine und erst recht lakustrine Humin- und Fulvinsäuren haben oft detritischen Charakter, d.h. sie sind großenteils terrestrischen Ursprungs. In den Hydrolysaten des Humins, der Humin- und Fulvinsäuren sind die Aminosäuren β-Alanin und γ-Aminobuttersäure identifizierbar, die nicht aus Proteinen stammen. Beide sind Stoffwechselprodukte von mikrobiellen Aktivitäten.

Humin- und Fulvinsäuren aus Sapropellagen besitzen neben ihrem hohen Schwefelgehalt (bis 4%, terrestrisch: 0,5%) zusätzlich noch größere Anteile an teilweise abgebauten Polysacchariden z.B. in Form von Polyuronsäuren.

Die Huminstoffe eignen sich noch besser als die Aminosäuren und Zucker zur Komplexierung mit anorganischen Ionen, besonders den Metallen. Diese anorganisch-organischen Wechselwirkungen beruhen auf der Wirksamkeit der polyanionischen Ausstattung der Humin- und Fulvinsäuren. Deshalb können sich im aquatischen Milieu stabilere Metall-Huminkomplexe ausbilden als die entsprechenden anorganischen Metallkomplexe. Die Bildung der Metallkomplexe hängt von der Konzentration der Huminstoffe und ihren Komplexierungsfähigkeiten im Wettbewerb der Spurenmetalle mit den übrigen Haupt-Kationen ab. Es sind dies Fe, Cu, Pb, Zn, Cd, Al, aber auch U, Ni, Mn, Co usw. Untersuchungen an Modellsystemen haben ergeben, daß die Bindungsfähigkeit der Huminstoffe für Metalle von der Konzentration der Partner abhängig ist. Fe und Hg, Cu und Pb werden sehr fest sorbiert, geringere Sorbtionsfähigkeiten bestehen dagegen für Ni, Cr, Zn, Mn und Co. Für alle Metallionen ist die Sorptionsfähigkeit auch pH-abhängig, die mit steigendem pH-Wert ebenfalls zunimmt. Deshalb läßt sich bei pH 5.8 die Reihenfolge Hg = Fe = Pb = Al = Cr = Cu > Cd > Zn > Ni > Co > Mn aufstellen.

Die einzelnen Fraktionen der Huminstoffe verändern sich mit zunehmender Sedimentteufe. Der Anteil an alkaliunlöslichem Humin steigt, während die Huminsäuren und noch stärker die Fulvinsäuren abnehmen, womit das Fulvin-/Huminsäure-Verhältnis sinkt. Dieses deutet auf einen Umbau in der Huminstoff-Fraktion des organischen Materials zu Geopolymeren hin, aber auch ein selektiver Abbau der löslichen Fraktionen ist nicht auszuschließen.

Teil D: Inkohlung der organischen Substanz

Organismen und somit das sie aufbauende organische Material sind thermolabil. Dies gilt natürlich auch für das sedimentäre organische Material.
Bei einer Absenkung von Sedimenten kommt es unter zunehmenden geothermischen Einfluß, da normalerweise eine Temperaturzunahme von 3°C pro
100m Sedimentteufe (geothermischer Gradient) anzutreffen ist. Die Folge
ist, daß sich das organische Material allmählich verändert, indem nur
thermisch stabile Produkte erhalten bleiben und neue gebildet werden.
Dabei wird der Kohlenstoff immer mehr angereichert, der dann im Endsta-
dium in graphitähnlicher Form übrigbleibt. Diese Transformation wird
also über die Temperatur gesteuert und kontrolliert. Es werden bei diesem Inkohlungsprozess verschiedene Stadien durchlaufen, in denen das im
Sediment eingeschlossene organische Material auch Erdöl und Erdgas zu
bilden vermag, die sich im günstigen Fall zu Lagerstätten ansammeln
können. Größere Pakete von abgelagerter organischer Substanz in Form
von Torfen sind zur Bildung von Kohlenlagerstätten befähigt. Entscheidend für die Möglichkeit einer Erdöl-, Erdgas- oder Kohlenbildung ist,
neben der Ablagerung von organischem Material in ausreichender Menge,
seine maximale thermische Belastung und die Art der abgelagerten organischen Substanz. Der gleiche diagenetische Zustand kann je nach Art des
Ausgangsmaterials einmal zur Öl- und Gasbildung oder aber zur Kohlenbildung führen. Der weitaus größte Teil des fossilen organischen Materials
(10^{16}t) ist amorph und unidentifizierbar fein-dispers in Sedimenten zwischen der vorherrschenden anorganischen Matrix eingebettet, und nur eine geringe Menge (6×10^{12}t) kommt konzentriert in Form von Kohlen vor.

D.1. Kerogenbildung

Extrahiert man fossiles Sedimentmaterial mit organischen Lösungsmitteln,
so erhält man normalerweise nur etwa 10% von dem gelöst, was als organischer Kohlenstoff tatsächlich vorhanden ist. Zurück bleibt etwa 90%
unlösbares, organisches Material von komplexer und variabler Zusammensetzung, das den Namen Kerogen trägt (Abb. 14).

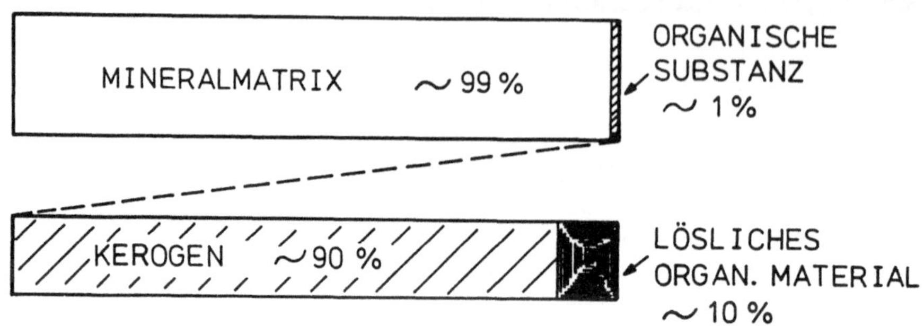

Abb. 14. Zusammensetzung von fossilen Sedimenten

Kerogen ist nur die Sammelbezeichnung für geopolymeres organisches Material. Das Kerogen ist nicht gleichmäßig auf die Sedimente verteilt.
Die Sedimente an den Kontinenten, die Schelfgebiete und Kontinentalrän-
der haben etwa 1% organischen Kohlenstoff; die Ablagerungen der offenen
Ozeane nur etwa 0,3%. Ebenso spielt die Partikelgröße eine Rolle. Je fei-
ner das Sediment ist, desto größer ist der Anteil an organischem Material.
Feine Tone kleiner als 2µ haben etwa 6%, Tone von 2-4µ nur 2% an organi-
chem Material.

Ausgangsmaterial für die sedimentäre organische Substanz sind die Rückstände von Organismen: Kohlenhydrate, Lignin, Lipide und Proteine. Diese Verbindungsklassen haben eine unterschiedliche Erhaltungsrate. Proteine und Kohlenhydrate werden in Aminosäuren und Zucker zerlegt und veratmet. Lignin und Lipide hingegen sind erheblich resistenter. Der Abbau
des organischen Materials ist durch die Zutrittsmöglichkeit des Sauerstoffes limitiert. Im anaeroben Bereich sind die Umsetzungsraten nur unvollständig und erheblich verringert. Die reaktiven Verbindungen führen
mit größeren Organismenpartikeln und auch untereinander chemische Reaktionen aus, die schließlich in einem Humifizierungsprozess zu den Huminstoffen führen.
Bei der Ablagerung von klastischen Sedimenten gelangt auch fossiles organisches Material (Kerogen) in den rezenten Bereich und vermischt sich
mit dem rezenten Detritus und der authochthonen organischen Substanz.
Das Kerogen baut sich also aus einem Konglomerat von rezentem und fossilem allochthonen und autochthonen organischen Material auf. Da es zusammen mit den mineralischen Produkten koaguliert, bildet es mit ihnen zusammen einen innigen Verband. Diese Ausfällungsgebiete sind deltaische
Bereiche und Estuare, da dort große Anteile an Huminstoffen herangeführt
werden, die die Grundlage für das Kerogen liefern. Nach dem Einbetten in

die schlammigen Sedimentbereiche erfolgt im Zuge der Tieferversenkung
eine langsame Änderung der physiko-chemischen und biologischen Umgebung
infolge Kompaktion, Abnahme des Wassergehaltes, langsames Verschwinden
der bakteriellen Aktivitäten, Veränderungen der Mineralmatrix und Zunahme der Temperatur. Parallel dazu nimmt der Anteil an hydrolysierbarer
organischer Substanz ab. Mit dieser zunehmenden "Fossilisierung" geht
ein Verlust der hydrophilen funktionellen OH- und COOH-Gruppen in Form
H_2O und CO_2 einher, wodurch gleichzeitig das atomare O/C-Verhältnis erniedrigt wird. Im Gegensatz dazu bleiben die aliphatischen und alicyclischen Strukturen erheblich besser erhalten, so daß sich am H/C-Ver-
hältnis zunächst nur wenig ändert. Insgesamt bleibt aber in diesem Stadium der Diagenese die Menge des Kerogens weitgehend erhalten. Erst bei
einer größeren thermischen Belastung wird durch Freisetzung von Kohlenwasserstoffen die eigentliche Karbonifizierung unter Erniedrigung des
H/C-Verhältnisses eingeleitet.

D.1.1. Geothermische Umwandlung des Kerogens

Eine einfache chemische Charakterisierung von organischem Material ist
durch eine Darstellung in atomaren H/C- und O/C-Verhältnissen möglich
("van Krevelen-Diagramm"). Die Naturstoffe durchziehen das gesamte H/C-
O/C-Diagramm (Abb. 15). Die rezenten und subrezenten Diageneseprodukte
in Form von Algenmatten, Huminsäuren und Torfen sind im mittleren Teil
des Diagrammes zu finden. Fossiles organisches Material befindet sich
auf der linken Seite des Diagramms, wobei sich marine Ablagerungen in
Form der Ölschiefer durch ihren Wasserstoffreichtum deutlich vom Kohle-
band unterscheiden. Umschlossen werden beide von den dicken Linien, die
die Begrenzung der Zusammensetzung der fossil vorkommenden Kerogene darstellen.

Damit sind auch die Inkohlungslinien der organischen Substanz nachvoll-
ziehbar, die - egal welche ursprüngliche elementare Zusammensetzung sie
auch hatte - schließlich als sehr kohlenstoffreiche Substanz im Diagramm
ganz links unten endet. Um dorthin zu gelangen, verliert das sedimentäre
organische Material zuerst Sauerstoff in Form von kleinen fugaziden Molekülen wie CO_2 und H_2O. Dadurch wird eine mehr oder weniger waagerechte
Verschiebung nach links bewirkt. Der Verlust von Wasserstoff erfolgt in
erster Linie durch Abspaltung von Methan und anderen Kohlenwasserstoffen.
Dieser Verlust verschiebt die Kerogenzusammensetzung in senkrechter Richtung. Dabei ist klar ersichtlich, daß Ölschiefer und andere wasserstoffreiche Kerogene ein größeres Wasserstoffpotential besitzen und somit in

der Lage sind, während ihrer Inkohlung mehr wasserstoffreiches Material
als terrestrische Kerogene abzugeben. Die bei der Diagenese und Inkohlung
ablaufenden chemischen Prozesse sind im van Krevelen-Diagramm (Abb. 15)
auf der rechten Seite noch einmal gesondert skizziert. Die mit Kondensa-
tionsprozessen verbundene Dehydratisierung und Decarboxylierung ist ein
charakteristisches Merkmal der Diagenese, während die Inkohlung von De-
hydrierungs- und Aromatisierungsprozessen getragen wird.

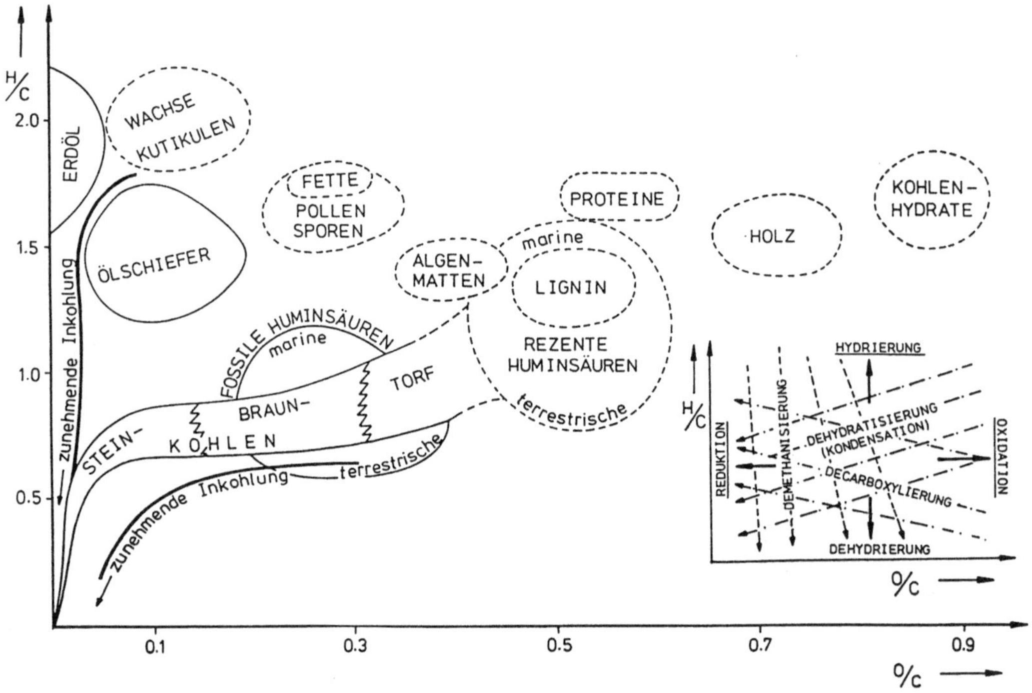

Ab. 15. Atomare H/C- O/C-Verhältnisse von verschiedenen organischen
Substanzen ("van Krevelen-Diagramm"). Ferner sind auf der
rechten Seite die bei zunehmender Diagenese und Inkohlung
ablaufenden chemischen Vorgänge gesondert skizziert.

Im Laufe der Inkohlung findet eine Disproportionierung der organischen
Substanz in einen wasserstoffreichen Teil (Erdöl und Erdgas) und einen
kohlenstoffreichen Rückstand statt. Entscheidend für die jeweils gebildeten Mengen ist nur die elementare Zusammensetzung des Ausgangsmaterials.
Man ordnet deshalb die Kerogene nach verschiedenen Typen. Ein sehr wasserstoffreiches Kerogen mit einem H/C-Verhältnis um 1,5 wird mit Typ I, ein

wasserstoffarmes terrestrisches Kerogen mit einem H/C-Verhältnis unter 1,0 gehört zum Typ III. Vom Typ I und Typ II.I werden die dick ausgezogenen Linien in Abb. 15 begrenzt. Dazwischen ist der Typ II angesiedelt.

Es existieren temperaturbedingte Grenzen innerhalb derer diese Disproportionierung stattfinden kann. Bei nur geringer Temperatur und Kompaktion treten die diagenetischen Prozesse auf, die zu einer bereits erwähnten Abspaltung funktioneller Gruppen in Form von H_2O und CO_2 führen, mit denen auch die Kondensationsreaktionen einhergehen. Nach Überschreiten einer gewissen Temperaturschwelle (ca. 50-60°C) setzt die Disproportionierung ein und führt im Kerogen zu einem Umbau, da kleine wasserstoffreiche Moleküle eliminiert werden, die auch in organischen Lösungsmitteln löslich sind. Diese lösliche organische Substanz, das sogenannte Bitumen ist ein Neubildungsprodukt, das großenteils aus dem Kerogen stammt und vom Methan bis zu relativ großen, eben noch löslichen Molekülverbänden reicht. Wie alle organischen Substanzen ist aber auch das Bitumen nur begrenzt thermisch belastbar und wird, wenn es unter grösseren geothermischen Einfluß geraten ist, nach und nach weiter aufgespalten, so daß unter Umständen nur noch stabiles Methan übrigbleibt, dem dann auf der anderen Seite nur noch kohliges Kerogen ("dead carbon") gegenübersteht.

Wenn man annimmt, daß der Kerogenzerfall eine kinetisch kontrollierte Reaktion darstellt, so hat neben der Temperatur auch ihre Einwirkungsdauer einen fördernden Einfluß auf das Reaktionsgeschehen. Das Kerogen duchläuft bei dem irreversibel verlaufenden Inkohlungsprozess Stadien zunehmender "Reife": Im sedimentären Bereich ist deshalb diese temperatur- und zeitabhängige Reifung von einem "unreifen" über ein evtl. ölabgebendes "reifes" Kerogen zu einem evtl. nur noch gasliefernden "sehr reifen" Kerogen zu beobachten. Der Reifezustand eines Kerogens liegt deshalb in seiner geologischen Geschichte begründet, d.h. in seiner durch die maximale Versenkungsteufe bedingten Temperaturbelastung und seiner Versenkungsdauer in geologischen Zeiträumen. Ferner sind katalytische Effekte der anorganischen Matrix auf die Reifung des Kerogens zu berücksichtigen.

Neben den Veränderungen in der Elementarzusammensetzung lassen sich die Kerogene auch durch andere chemische Methoden charakterisieren, indem man sie reduktiven oder oxidativen Abbauprozessen unterwirft. Besonders die in pyrolytischen Untersuchungen nur mit Einschränkungen nachvollziehbare natürliche thermische Belastung soll Aufschluß über die Art

und Zustand der Kerogene liefern. Die Ergebnisse dieser Untersuchungen
deuten darauf hin, daß marine Kerogene (Typ I) mehr aliphatischer Natur
sind, während terrestrische Kerogene (Typ III) mehr aromatische und phe-
nolische Strukturen beinhalten. Der Sauerstoff ist in Form von Etherbrük-
ken, Hydroxylgruppen, Ketonen und Estern festgelegt.

Neben dem fein verteilten amorphen Kerogen findet man noch partikuläres Kerogen, das sich gut für eine Ansprache mit mikroskopisch-optischen Methoden eignet. Die optischen Analysen gestatten aufgrund morphologischer
Merkmale die Erkennung von Algenresten, Sporen, Pollen, Pflanzenkutikulen, Fäkalpellets, Holzrückständen und anderen organischen Fragmenten.
Diese verändern sich im Laufe einer Inkohlung in unterschiedlicher aber
charakteristischer Weise, so daß an ihnen bei Inkohlungsmessungen die
Inkohlungsparameter ermittelt werden können.

Ein herausragender mikroskopisch-optischer Inkohlungsparameter ist der
Reflexionsgrad des sichtbaren Lichtes von angeschliffenen Vitriniten im
Auflicht, der mit dem Inkohlungsgrad der organischen Substanz korreliert
werden kann. Die Vitrinite gehören zu einer petrographisch identifizierbaren Maceralgruppe, die hauptsächlich in Kohlen vorkommt. Die Vitrinitreflexion liegt zwischen 0,3% und über 6%, gemessen in Immersionsöl. Bei
sehr unreifen Kerogenen, besonders wenn Vitrinite petrographisch nicht
identifizierbar sind, kann man das Fluoreszenzverhalten der fluoreszie-
renden organischen Substanz heranziehen. Dabei wird deutlich, daß die
Kerogene nicht einheitlich aufgebaut sind und - ähnlich wie die Kohle -
aus in ihrem optischen Verhalten sehr unterschiedlichen Kerogeneinheiten
bestehen, die sich bei der Inkohlung auch nicht gleichartig verhalten.
In klastischen Sedimenten existieren normalerweise autochthon gebildete
Kerogenpartikel neben denen, die Umlagerungsprozesse mitgemacht haben.
Ferner lassen sich (wasserstoffreiche) Algen-, Kutikulen-, Pollen- und
Sporenreste deutlich von (humifizierten) Geweberesten und hochinkohlten
Partikeln unterscheiden. Deshalb ist es der Normalfall, daß man das gan-
ze Spektrum der verschiedenen Kerogentypen (I, II und III) vereint hat.
Der entscheidende Unterschied ist einmal in der Quantität der einzelnen
Kerogentypen zueinander und zum anderen in dem Inkohlungsgrad gegeben,
da bei hoher Inkohlung sich die verschiedenen Kerogentypen aneinander an-
gleichen und sowohl petrographisch als auch chemisch nicht mehr unterscheidbar werden. Deshalb laufen auch die Begrenzungslinien im van Krevelen-Diagramm bei hohem Inkohlungsgrad zusammen.

D.2. Abbauprodukte des Kerogens

Die Inkohlung des Kerogens führt, da es sich in einem thermodynamisch
metastabilen Zustand befindet, zu einem Verlust von kleinen Molekülen
wie H_2O, (H_2S), CO_2 und CO. Das Kerogen wird somit defunktionalisiert.
Dies ist im Prinzip der gleiche Vorgang, wie dies bei der Diagenese ein-
zelner Verbindungen geschieht. Daneben werden sowohl C-O- als auch C-C-
Bindungen aufgespalten und dabei neue lösliche organische Substanzen gebildet, die sich zu den schon vorhandenen inhärenten organischen Verbindungen gesellen und zusammen das Bitumen darstellen. Das sedimentäre
Bitumen setzt sich also aus dem Anteil zusammen, der seit dem rezenten
Stadium vorhanden ist und einem durch laufende Neubildung aus dem Kerogen hinzugewonnenen Anteil. Die Art der neugebildeten Substanzen rich-
tet sich nach dem Kerogentyp. Aliphatische Partien im Kerogen produzie-
ren mehr kettenförmige Verbindungen. Die Abbauprodukte von Kerogenbe-
reichen mit aromatischen Strukturen haben in erster Linie aromatischen
Charakter. Ferner werden unterschiedliche Anteile an Bitumen aus den
verschiedenen Kerogentypen gebildet. Marines und limnisches Kerogen
(Typ II und I) vermag etwa 200mg Bitumen, bezogen auf 1g organischen
Kohlenstoff, terrestrisches Kerogen (Typ III) dagegen nur etwa die Hälfte, 100mg/gC an Bitumen zu liefern.

In einem weiteren thermokatalytischen Abbau wird nicht nur die polymere
organische Substanz (Kerogen) durch thermische Belastung strukturell vereinfacht, sondern auch das Bitumen wird mit zunehmender Reife in thermisch stabile Kohlenwasserstoffe (Alkane und Aromaten) umgewandelt. Im
Zuge dieses Abbaus werden auch größere Moleküle in kleinere und thermisch stabilere Verbindungen gecrackt, so daß nur noch kurzkettige Kohlenwasserstoffe übrigbleiben (Abb. 16).

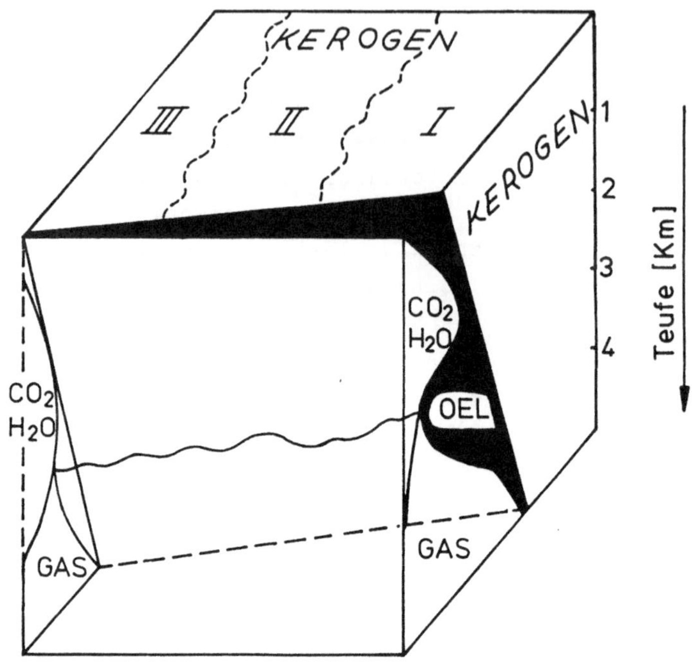

Abb. 16. Schematische Darstellung der Umwandlung organischen Materials
mit zunehmender Teufe

Neben organischen Verbindungen entstehen noch Kohlendioxid und Stickstoffe.
Aus marinbeeinflußten Kerogenen des Typs I und II wird noch Schwefelwasserstoff gebildet. Aus diesen Kerogenen erhält man neben Methan ("trok-
kenes" Gas) auch noch die höheren Homologen Ethan und Propan, die als
"nasse" Gase bezeichnet werden.

Die Neubildung von erdölartigem Bitumen ist an ein bestimmtes Inkohlungs-
gradintervall gebunden. Legt man das Reflexionsvermögen des Vitrinits
zugrunde, so liegt dieses Intervall zwischen 0,5 und 1,2% Reflexion.
Dieselben Werte sind auch bei den Vitriniten von bituminösen Steinkohlen
zu finden.

D.2.1. Neubildung von Bitumen

Die Um- und Neubildung von Bitumen in fossilen Sedimenten ist eng mit
den Reifeprozessen des feinverteilten organischen Materials verbunden.
Wie schon mehrfach betont, sind organische Substanzen temperaturempfindlich. Diese Thermolabilität ist es auch, die ihr Vorkommen normalerweise
auf maximal 6000m Teufe begrenzt. Eine Ausnahme bildet Methan, das auch
den thermisch stabilsten Kohlenwasserstoff darstellt.

Die Inkohlungsprozesse, die beim Kerogen zu einer Neubildung von Bitumen
führen, spiegeln sich natürlich auch auf der molekularen Ebene wider,
weil organische Substanzen hydriert, dehydriert oder aufgespalten (gecrackt) werden. Endprodukte dieser Prozesse sind z.B. die Kohlenwasserstoffe. Eine chemische Zusammensetzung der Bitumina ändert sich deshalb
mit seiner geothermischen Beanspruchung. Mit zunehmender Tieferversenkung
nimmt z.B. der Anteil an Kohlenwasserstoffen zu. Deshalb ist es zweck-
mäßig, eine Charakterisierung nach Stoffklassen vorzunehmen. Neben den
Kohlenwasserstoffen (Paraffinen und Aromaten) haben die Bitumina einen
polaren Anteil, der aus Substanzen besteht, die die Heteroatome Stickstoff, Schwefel und Sauerstoff enthalten (N,S,O-Verbindungen).
Die Paraffine bestehen aus der Fraktion der gesättigten (und ungesättigten) Kohlenwasserstoffe, denen die verschiedenen Bauprinzipien der nor-
mal- und verzweigten Alkane (n- und iso-Alkane) und der Cycloalkane
(Naphthene) zugrunde liegen. Die Aromatenfraktion setzt sich aus den ein-
und mehrkernigen aromatischen Kohlenwasserstoffen, Aromaten mit aliphatischen Seitenketten, Naphthenoaromaten und aromatischen Heterocyclen zusammen.

Die dritte polare Fraktion besteht aus niedermolekularen N,S,O-Verbindun-
gen und hochmolekularen Erdölbestandteilen wie Harze & Asphaltene. Die
N,S,O-Verbindungen sind Alkohole, Carbonsäuren, Ketone und Phenole (Abb.
17). Harze & Asphaltene stellen oleophile Kolloide dar, sie unterscheiden sich aber in ihrer Partikelgröße und Polarität. Eine generelle Dif-
ferenzierung ist dadurch möglich, daß die größeren Asphaltene in leichten Paraffinen (z.B. n-Pentan) unlöslich sind und somit von den Harzen
abgetrennt werden können. Die Kolloide werden im Erdöl durch die Fraktion der aromatischen Kohlenwasserstoffe dispergiert und stabilisiert.

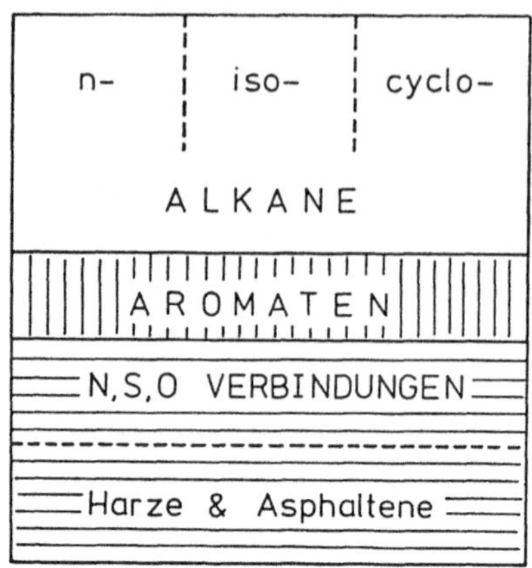

Abb. 17. Zusammensetzung von Bitumen nach Stoffklassen.

Die quantitative Zusammensetzung der Bitumina kann starken Schwankungen unterworfen sein. Normalerweise sind jedoch bei neugebildeten Bitumina die Alkane zu nur 30 Gew. %, die Aromatenfraktion um 20% und die N,S,O-Fraktion mit 50% beteiligt.

D.2.2. Aliphatische und aromatische Kohlenwasserstoffe

Die gesättigten und aromatischen Kohlenwasserstoffe sind chemisch inert und stabile Endprodukte von Umwandlungsprozessen. Deshalb setzen sich die Kohlenwasserstoffe der Bitumina aus fossilen Sedimenten aus dem Anteil zusammen, der aus dem rezenten Bereich ererbt ist und einem durch laufende Neubildung hinzugewonnenen Anteil. Diese Neubildung erfolgt bei einer entsprechenden geothermischen Belastung sowohl aus dem Kerogen als auch durch Defunktionalisierung entsprechender organischer Verbindungen im Bitumen. Inkohlungsgradmäßig liegt dieser Vorgang zwischen 0,5 und 1,2% Vitrinitreflexion. Die Neubildung von Kohlenwasserstoffen führt zu Veränderungen in den Kohlenwasserstoff-Verteilungen. Eine aus dem rezenten Bereich charakteristische terrestrische n-Alkan-Verteilung mit einer Bevorzugung der n-Alkane mit ungeradzahliger Kohlenstoffzahl wird durch die unspezifische Neubildung von n-Alkanen "verdünnt" (Abb. 18 u. 19). Damit läßt sich die fazielle Herkunft fossiler Ablagerungen, die sich im Reifestadium einer n-Alkan-Neubildung befinden ("reife Sedimente"), nicht mehr anhand ihrer n-Alkanverteilungen erkennen.

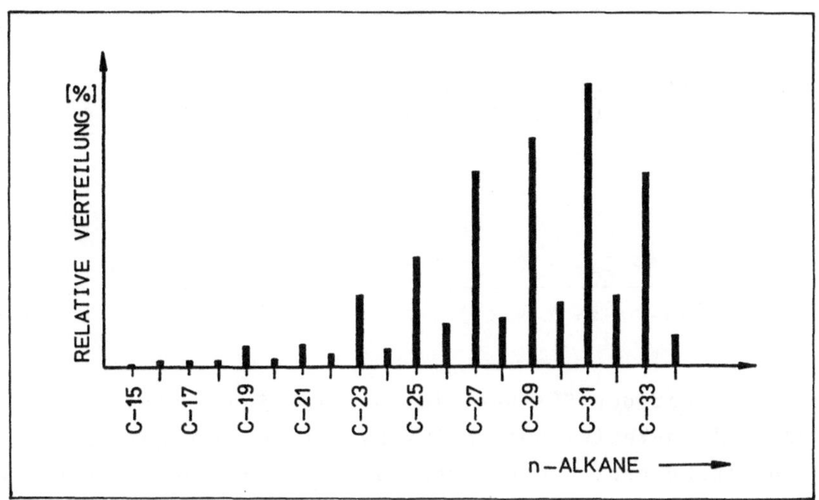

Abb. 18. n-Alkan-Verteilung eines rezenten terrestrischen Sedimentes.

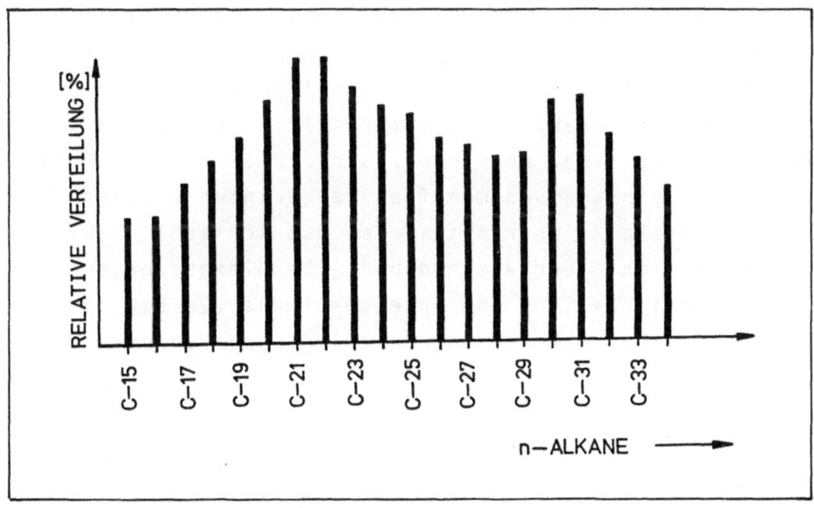

Abb. 19. n-Alkan-Verteilung eines fossilen Sedimentes.

Ein Maß für den Reifezustand eines Sedimentes kann dessen n-Alkan-Verteilungsmuster darstellen, das sich numerisch erfassen läßt, indem die Konzentrationen der n-Alkane mit ungeradzahligen C-Atomen und die mit geradzahligen C-Atomen aufsummiert und ins Verhältnis gesetzt werden. Daraus
resultiert der CPI-Wert (Carbon Preference Index) oder das OEP-Verhältnis
(Odd Even Predominance). Im Bereich zwischen n-C_{21} und n-C_{30} würde sich
der Quotient wie folgt errechnen:

$$CPI = OEP = \frac{kC_{21} + kC_{23} + kC_{25} + kC_{27} + kC_{29}}{kC_{22} + kC_{24} + kC_{26} + kC_{28} + kC_{30}}$$

oder etwas genauer:

$$CPI = OEP = 1/2 \frac{C_{21} + C_{23} + C_{25} + C_{27} + C_{29}}{C_{22} + C_{24} + C_{26} + C_{28} + C_{30}} + \frac{C_{21} + C_{23} + C_{25} + C_{27} + C_{29}}{C_{20} + C_{22} + C_{24} + C_{26} + C_{28}}$$

Daraus ergibt sich, daß der CPI-Wert in fossilen Sedimenten mit einer ausgeglichenen n-Alkan-Verteilung um 1 schwankt. Eine ungeradzahlige Bevorzugung der n-Alkane hebt den CPI-Wert über 1. So liegen die CPI-Werte der n-Alkan-Verteilungen im rezenten terrestrischen und lakustrinen Bereich zwischen 3 und 8.

Bei geothermisch stärker belasteten Sedimenten verlagert sich ohne wesentliche Änderung des CPI-Wertes das Maximum der n-Alkane durch ihren Abbau immer mehr in den kurzkettigen Bereich, bis schließlich nur noch "Kondensate" und nasse Gase auftreten. Ein thermokatalytischer Abbau der n-Alkane führt nicht nur zu kurzkettigen Homologen, sondern auch durch Umlagerung zu einer Vielzahl von einfach und mehrfach verzweigten Alkanen. Mit zunehmender Inkohlung steigt dieser Anteil, so daß schließlich ein auch gaschromatographisch nicht mehr auftrennbares komplexes Gemisch ("hump") entsteht. Charakteristische iso- und anteiso-Alkane (2- bzw. 3-Methylverbindungen) sind dagegen als Abbauprodukte entsprechender bakterieller Carbonsäuren anzusehen:

n = ... 23

iso-   anteiso-

Alkane

Alkylcyclohexane haben wahrscheinlich -ebenso wie die Alkylcyclopentane-keine direkten bilogischen Vorläufer:

n = ... 22

n-Alkyl-cyclohexane

Ferner sind mehrfachalkylierte Cyclohexane vorhanden, z.B.:

n = ... 28

Trimethyl-n-alkyl-cyclohexane

Alkylbenzole als Aromatisierungsprodukte der Alkylcyclohexane lassen sich ebenfalls finden:

n = ... 22

n-Alkyl-benzole

Aromatische Kohlenwasserstoffe (PAK) mit ein- bis sechsfachen Ringsystemen (Benzol bis Coronen) kommen unsubstituiert und in geringerem Umfang mit Alkylsubstituenten vor, wobei nur in terrestrischen Sedimenten grössere Konzentrationen und hauptsächlich methylsubstituierte PAK's auftreten.

Ferner sind Naphtenoaromaten (z.B. Tetralin, Tetrahydrophenanthren) mit und ohne Alkylsubstituenten vorhanden, wobei ein oder mehrere Ringe aromatisiert sein können.

Tetralin   Tetrahydrophenanthren

Ein bezeichnendes Charakteristikum für reife Sedimente ist die Tatsache, daß nur gesättigte und aromatische Kohlenwasserstoffe vorkommen. Unreife Sedimente dagegen beinhalten noch eine Vielzahl von ungesättigten Kohlenwasserstoffen.

D.2.3. Terpenoide Kohlenwasserstoffe

Zu den terpenoiden Kohlenwasserstoffen werden sowohl die kettenförmigen
Isoprenoide als auch die cyclischen Vertreter der Diterpan-, Triterpan-
und Steran-Gruppen gezählt. Diese Kohlenwasserstoffe setzen sich im Bitumen ebenfalls aus dem im Laufe der Diagenese entstandenen Anteil und
einem durch Neubildung aus dem Kerogen hinzugewonnenen Teil zusammen.

Isoprenoide

Fast alle fossilen Ablagerungen beinhalten die regulären Isoprenoid-Kohlenwasserstoffe Phytan (2,6,10,14-Tetramethylhexadecan) und Pristan (2,
6,10,14-Tetramethylpentadecan). Daneben treten in geringerem Umfang noch
Norpristan (2,6,10-Trimethylpentadecan) sowie die homologene Reihe der
C_{14}- bis C_{25}-Isoprenoide (2,6,10-Trimethylundecan bis 2,6,10,14,18-Pen-
tamethyleicosan) auf. In dieser Reihe sind die regulären C_{17}-, C_{22}- und
C_{24}-Isoprenoide normalerweise kaum vertreten.

Phytan

Pristan

Norpristan

Daneben lassen sich noch gelegentlich das C_{30}-Isoprenoid Squalan und C_{40}-
Isoprenoide (z.B. Lycopan) wie ß-Carotan nachweisen. Die Entstehungswei-
se der Isoprenoide erfolgt durch C-C-Bindungsbrüche an den verzweigten
Stellen. Deshalb treten neben einer homologen Serie von regulären Isoprenoiden mit einer 2,4,10,14,18-Methylgruppenanordnung durch den thermokatalytischen Abbau von C_{40}-Isoprenoiden und Polyprenoiden weitere
irreguläre Isoprenoide auf.

Normalerweise zeigt Pristan eine deutliche Dominanz über alle anderen
kettenförmigen Isoprenoide. Wahrscheinlich wird die Phytyl-Seitenkette
des Chlorophylls in das Kerogen eingebaut. Eine bevorzugte Spaltung der
Phytyl-C_{15}-C_{16}-Bindung anstelle des Bruchs einer Phytyl-C_{16}-Kerogen-
Verknüpfung ergibt das Pristan. Auf diese Weise ergeben sich in klastischen Sedimenten Pristan/Phytan-Quotienten zwischen 1,5 und 10. Der Wert
wird erheblich erniedrigt, wenn C_{16}- und C_{18}-Isoprenoide verstärkt auftreten, d.h. der Reifezustand des organischen Materials sich erhöht.

Pristan enthält zwei asymmetrische C-Atome und kommt aufgrund dieser
chiralen Zentren in drei Isomeren vor.

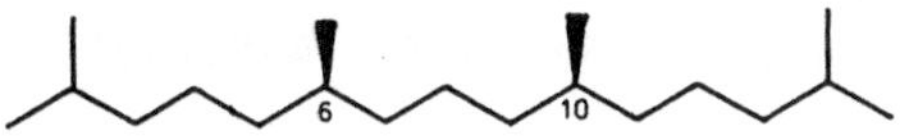

6(R),10(S)-Pristan (I)

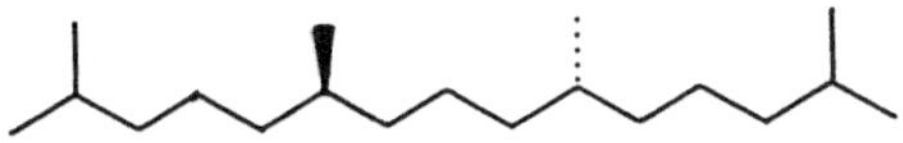

6(R),10(R)-Pristan (II)

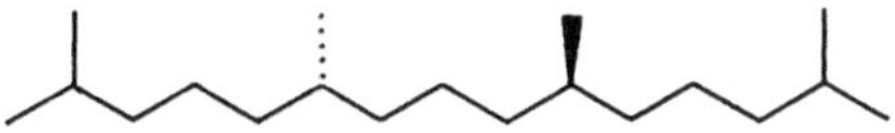

6(S),10(S)-Pristan (III)

Im (rezenten) Phytol ist nur die entsprechende 6(R),10(S) Konfiguration
(I) zu finden. Inkohlungsvorgänge führen zu einer Epimerisierung an den
chiralen Zentren und dem Auftreten von All-Isomer Mischungen, die schließlich im Verhältnis I:II:III = 2:1:1 auftreten.

<u>Sterane und Triterpane</u>

Sterane und Triterpane sind ebenso wie Pristan und Phytan zu den chemischen Fossilien oder den biologischen Markierern zu zählen. Sterane und
Triterpane zeichnen sich als Vierring- und Fünfringstrukturen mit einer
charakteristischen Molekülarchitektur aus. Sie kommen -ebenso wie andere
Kohlenwasserstoffe- immer in homologen Serien vor.

In rezenten Sedimenten treten die Abbauprodukte der Sterole als Sterene
und Steradiene auf. Diese sind auch noch in unreifen fossilen Sedimenten
zu finden. Daneben kommen aber auch schon die gesättigten Vertreter vor.
In reifen Sedimenten sind an Steranen hauptsächlich Cholestan, Campestan
und Sitostan vertreten:

R = H : Cholestan

R = CH$_3$: Campestan
(24-Methylcholestan)

R = C$_2$H$_5$: Sitostan
(24-Ethylcholestan)

Meistens ist die 5αH-Konfiguration, z.B. 5α,14β,17β(H)-Cholestan-20R,
vorherrschend. In untergeordnetem Maße findet man auch die an verschiedenen Stellen des Ringgerüstes methylierten Sterane. Dies ist bevorzugt
in der 4-Stellung der Fall, so daß die gesamte Serie der 4-Methylsterane
auftreten kann:

4-Methyl-sterane (R = H, CH$_3$, C$_2$H$_5$)

Die in unreifen Sedimenten anzutreffenden $\Delta^{13(17)}$-Diasterene haben ihre
entsprechenden abgesättigten analogen Diasterane mit und ohne Methylgruppen in der Stellung 4:

Diasterane und 4-Methyldiasterane
(R$_1$ = H, CH$_3$;
R$_2$ = H, CH$_3$, C$_2$H$_5$)

Die verschiedenen chiralen Zentren am Kohlenstoffgerüst erlauben eine
Epimerisierung, falls die Konfigurationen thermodynamisch stabil sind.
Deshalb ist in fossilen Sedimenten eine Reihe von Steranen identifiziert
worden, die nach ihren Strukturtypen in Tabelle 13 aufgelistet sind.

Tabelle 13. Vorkommen von Steranen in fossilen Sedimenten

GERÜSTTYP	VERBINDUNG
C_{27}-Sterane:	5α(H)-Cholestan
	5β(H)-Cholestan (Koprostan)
	13α,17β(H)-Diacholestan, 20S + 20R (= αβ-Diacholestan)
	13β,17α(H)-Diacholestan, 20S + 20R (= βα Diacholestan)
C_{28}-Sterane:	24-Methylcholestan
	4α-Methylcholestan
	4β-Methylcholestan
	24-Methyl-βα-diacholestan, 20S + 20R
	4-Methyl-βα-diacholestan, 20S + 20R
	4-Methyl-αβ-diacholestan, 20S + 20R
C_{29}-Sterane:	24-Ethyl-5α-cholestan
	24-Ethyl-5β-cholestan
	4α,24-Dimethyl-cholestan
	24-Ethyl-βα-diacholestan, 20S + 20R
	24-Ethyl-αβ-diacholestan, 20S + 20R
	4,24-Dimethyl-βα-diacholestan, 20S + 20R
	4,24-Dimethyl-αβ-diacholestan, 20S + 20R
C_{30}-Sterane:	4α-Methyl-24-Ethylcholestan
	4-Methyl-24-Ethyl-βα-diacholestan, 20S + 20R

An dem Steroidgerüst können nicht nur Umlagerungsreaktionen stattfinden, sondern auch Aromatisierungen, die zu mono- und triaromatischen Steroiden und Methylsteroiden führen. Dabei erfolgt auch eine teilweise Verkürzung der Seitenkette:

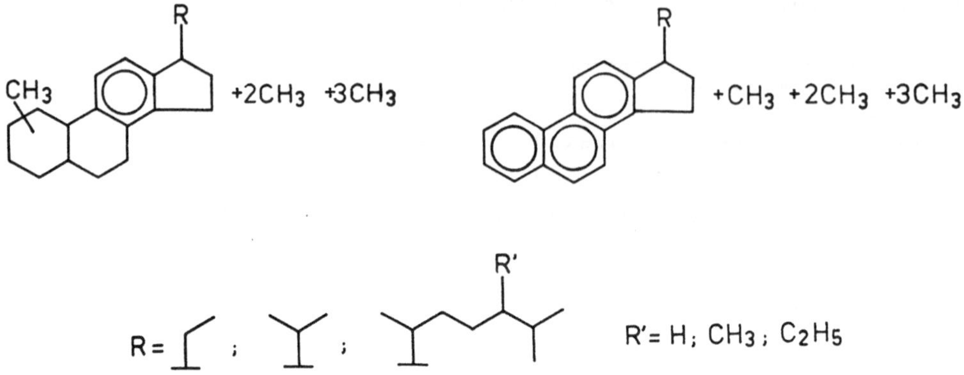

+2CH₃ +3CH₃

+CH₃ +2CH₃ +3CH₃

$R =$ ... ; ... ; ... $R' = H; CH_3; C_2H_5$

Wahrscheinlich stammen die im Ring C und in den Ringen ABC aromatisierten Steroide von den umgelagerten Sterenen ab. In Sedimenten mit einer geringen maximalen Versenkung findet man hauptsächlich Steroide, die Ring A oder B oder beide Ringe aromatisiert haben.

Pentacyclische Triterpene

Die pentacyclischen Triterpane zeichnen sich ebenso wie die Sterane durch ihr ubiquitäres Vorkommen in Sedimenten aus. Dies gilt besonders für die Hopan-Homologen, die von C_{27}, C_{29} bis C_{35} reichen.

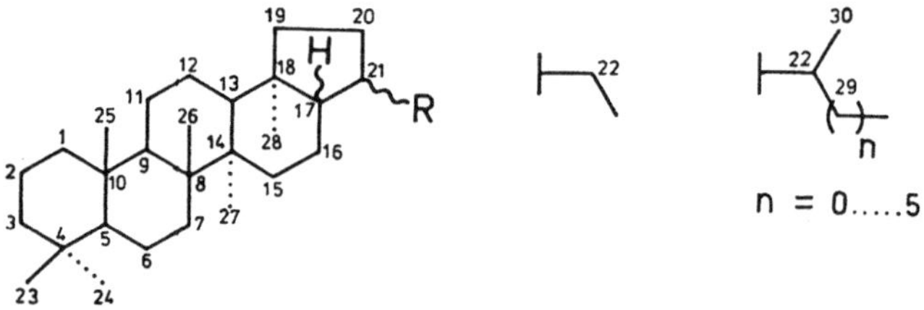

$n = 0\ldots5$

Man unterteilt die Hopane in drei Gruppen, die sich durch die unterschiedliche Anknüpfung des Ringes E und dem Rest R unterscheiden. Auf diese Weise weist der an den C-Atomen 17 und 21 sitzende Wasserstoff in Bezug auf die Molekülebene in verschiedene Richtungen:

17β,21β(H)-Hopane = (ββ-Hopane)
17α,21β(H)-Hopane = (αβ-Hopane)
17β,21α(H)-Hopane = (βα-Hopane = Moretane)

Ferner besitzen die C_{31}-Hopane und die größeren Homologe in der Seitenkette R ein chirales Zentrum, so daß 22R- und 22S-Konfigurationen entstehen. Die ββ- und βα-Hopangerüste findet man sowohl in lebenden Organismen als auch in unreifen Sedimenten. Die thermodynamisch stabileren αβ-Hopane treten dagegen nur in reifen Sedimenten oder in Sedimenten mit acidem Charakter infolge von Umlagerungen aus den entsprechenden Hop-17(21)enen auf.

Ein reguläres C_{28}-Hopan fehlt normalerweise. Dieses Fehlen könnte gleichzeitig einen Hinweis auf eine mögliche Bildung der Hopanserie mit mehr als 30 C-Atomen liefern, weil vielleicht C_{35}-Bakteriohopane oder andere alkylierte Hopane in das Kerogen eingebaut werden, aus dem sie dann wieder durch thermokatalytische Spaltung freigesetzt werden können und somit die homologe Serie von C_{27}- bis C_{35}-Hopanen ergeben:

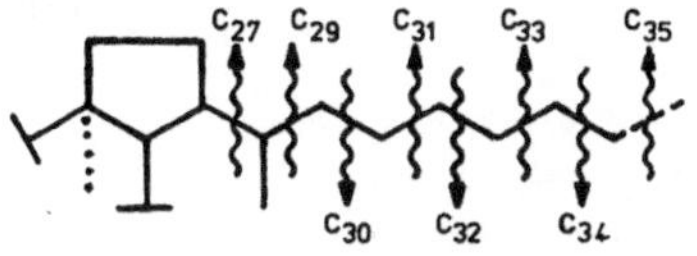

Zuweilen treten aber C_{28}-Hopane auf, denen eine Methylgruppe am Ringsystem fehlt, z.B. in der Stellung 18:

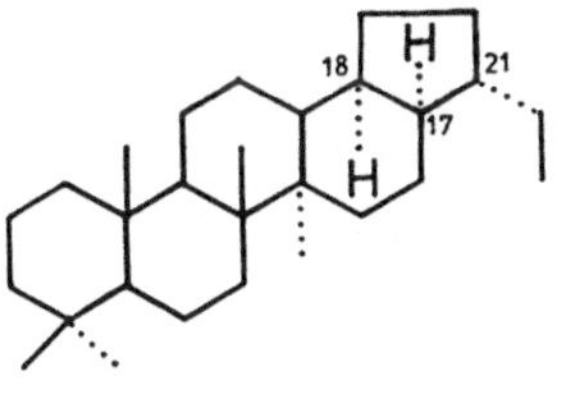

17α,18α,21β(H)-28,30-Bisnorhopan

Durch (thermokatalytische?) Ringöffnung der Hopane können die entsprechenden C_{27}- bis C_{30}-Secohopane gebildet werden:

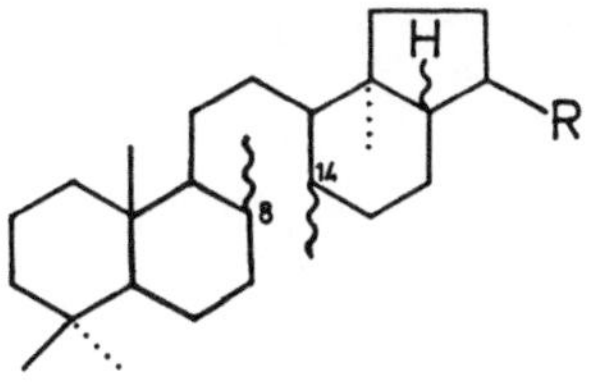

8,14-Secohopane   R = H; $-C_2H_5$; $i-C_3H_7$

Terrestrisch beeinflußte Sedimente beinhalten natürlich auch Chemofossilien, die von höheren Landpflanzen abstammen. Dies sind vor allem Triterpene, die im Laufe der Diagenese ihre funktionelle Gruppen (OH- und COOH-
Gruppen) verloren haben und als gesättigte Kohlenwasserstoffe auftreten:

18αH-Oleanan

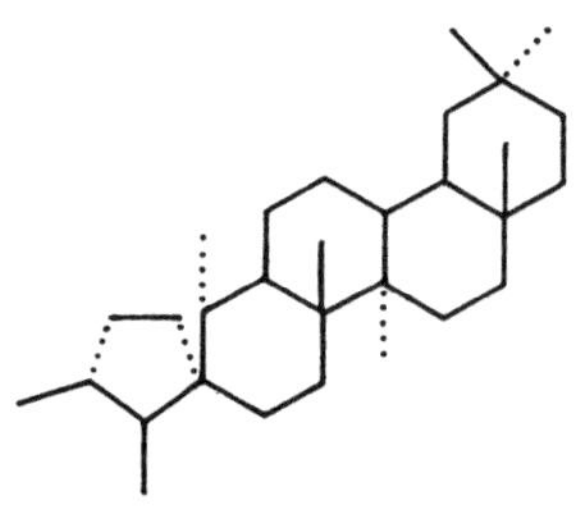

Gammaceran

Onoceran
(8β,14α(H);8α,14α(H);8α,14β(H))

Spiroterpan

Eine Zusammenfassung der normalerweise vorkommenden pentacyclischen
Triterpane gibt die folgende Tabelle 14.

Tabelle 14. Vorkommen von pentacyclischen Triterpanen in Sedimenten

GERÜSTTYP	VERBINDUNG
C_{27}-Hopane:	17βH-Trisnorhopan(=Trisnormoretan)
	17αH-Trisnorhopan
C_{29}-Hopane:	$17\beta,21\beta$(H)-Norhopan(=Adiantan)
	$17\alpha,21\beta$(H)-Norhopan(=α,β-Norhopan)
	$17\beta,21\alpha$(H)-Norhopan(=Normoretan)
C_{30}-Hopane:	Hop-17(21)-en
	Hop-22(29)-en(=Diplopten)
	Hop-13(18)-en
	Olean-13(18)-en
	Olean-12(13)-en
	$17\beta,21\beta$(H)-Hopan(=β,β-Hopan)
	$17\alpha,21\beta$(H)-Hopan(=α,β-Hopan)
	$17\beta,21\alpha$(H)-Hopan(=Moretan)
	18αH-Oleanan
	Gammaceran
	Onoceran
C_{31}-Hopane:	$17\beta,21\beta$(H)-C_{31}-Hopan-,22R oder 22S
	(=β,β-Homohopan-,22R oder 22S)
	$17\alpha,21\beta$(H)-C_{31}-Hopan, 22R+22S
	(=α,β-Homohopan, 22R+22S)
	$17\beta,21\alpha$(H)-C_{31}-Hopan
	(=Homomoretan, 22R oder 22S)
C_{32} bis C_{35}-Hopane:	$17\beta,21\beta$(H)-C_{32}.... C_{35}-Hopane, 22R oder 22S
	$17\alpha,21\beta$(H)-C_{32}.... C_{35}-Hopane, 22R und 22S
	$17\beta,21\alpha$(H)-C_{32}.... C_{35}-Moretane, 22R oder 22S

In ähnlicher Weise wie die Sterane können auch die pentacyclischen Triterpene aromatisiert werden. Dies geschieht schon im subrezenten Bereich.
Daraus resultieren dann die schon im Buchteil C dargestellten charakteristischen Naphthenoaromaten. In Begleitung der Hopane befinden sich

häufig tricyclische Terpane mit 19 bis 45 C-Atomen, deren direkte rezente Vorläufer bislang nicht bekannt sind.

C_{19} .... C_{45}

tricyclische C_{19}- bis C_{45}-Terpane

D.2.4. Heterokomponenten

Unter Heterokomponenten versteht man organische Verbindungen, die am Kohlenstoffgerüst noch Heteroatome Sauerstoff, Schwefel oder Stickstoff tragen. Die Stoffklassen der Alkohole, Phenole, Ether, Carbonsäuren und Ketone gehören ebenso dazu wie die stickstoffhaltigen Porphyrine oder schwefelhaltigen Thioether. Je nach den Stabilitätsverhältnissen können organische Substanzen den rezenten Bereich überdauern und sind dann auch im fossilen Bitumen zu finden. Ferner werden sie aber auch aus dem Kerogen wieder freigesetzt, nachdem sie zuvor durch Geopolymerisation eingebunden worden sind. Deshalb unterscheiden sich die fossilen Heterokomponenten nicht so sehr von denen aus dem rezenten Bereich. Allerdings unterliegen auch sie den weiteren geothermischen Veränderungen. Ferner können durch den geothermischen Kerogenabbau neuartige Heterokomponten gebildet werden, die keine vergleichbaren Vorläufer haben. Auf diese soll hier kurz näher eingegangen werden.

Alkohole und Ketone:

Ein- und zweiwertige Pflanzenalkohole von C_{20} bis C_{32} bleiben normalerweise erhalten und treten in unreifen, fossilen Sedimenten dadurch vermehrt auf, weil sie durch Hydrolyseprozesse aus den Wachsen freigesetzt werden. Daneben lassen sich verzweigte Alkohole identifizieren, die eindeutig Abbauprodukte des Phytols darstellen. Als Hauptvertreter seien folgende Alkohole aufgeführt:

Phytanol (Dihydrophytol)

Pristanol

6,10,14-Trimethyl-pentadecan-2-ol

4,8,12-Trimethyl-pentadecan-2-ol

3,7,11-Trimethyl-dodecanol

Auf oxische Sedimentationsverhältnisse weisen ketonhaltige Sedimente mit C_{20}- bis C_{33}-Alkan-2-onen hin, die manchmal bevorzugt eine ungerade Anzahl von C-Atomen aufweisen. Wahrscheinlich sind sie aus den entsprechenden n-Alkanen durch eine mikrobielle ß-Oxidation entstanden. Ebenso treten C_{27}-, C_{29}- bis C_{32}-Hopanone auf. Ferner lassen sich aromatische Ketone in Form von alkylierten 1-Indanonen und Acetonaphthonen nachweisen.

Alkyl-1-indanone

Methyl- und Dimethylacetonaphthone

Cabonsäuren:

Oxidierte Alkane in Form der entsprechenden Carbonsäuren lassen sich als deren unvollständige Abbauprodukte auch im fossilen Bereich wiederfinden. Dies sind

aliphatische Carbonsäuren:

    C_1- (Ameisensäure) bis n-C_{33}-Carbonsäuren

    Iso- und Anteiso-C_{16}- bzw. C_{15}-Carbonsäuren

    reguläre Isoprenoid-C_{14}- bis C_{20}-Carbonsäuren

Cycloalkan-Säuren:

    (methylierte) Cyclopentan-carbonsäuren (C_6 - C_{10})

    (methylierte) Cyclohexan-carbonsäuren (C_7 - C_{10})

An Naphthenocarbonsäuren können aber auch längere aliphatische Reste gebunden sein (C_{26} - C_{31}). Dabei sind folgende Strukturen vorhanden:

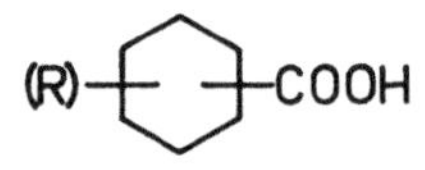

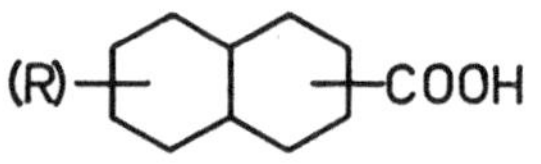

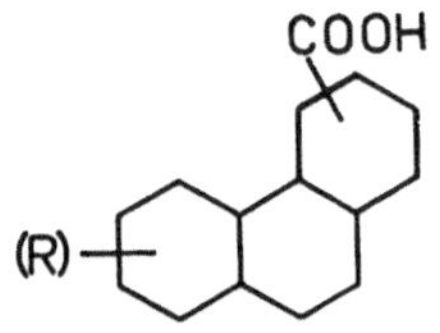

Ebenso treten die naphthenoaromatischen und aromatischen Spezies auf, z.B.:

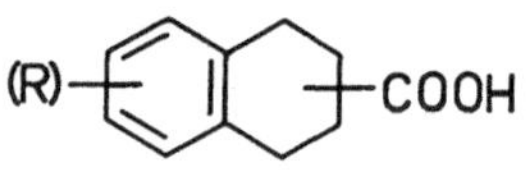

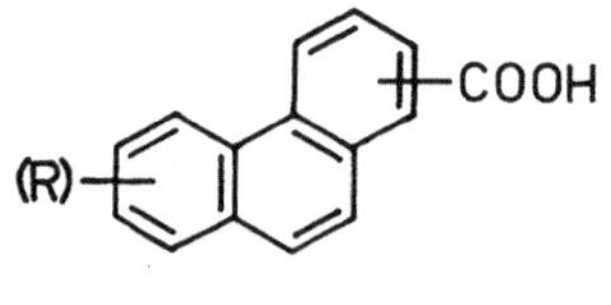

Heterocyclische Carbonsäuren sind ebenfalls vertreten:

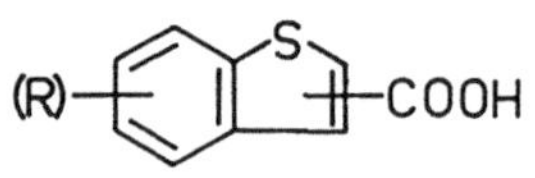

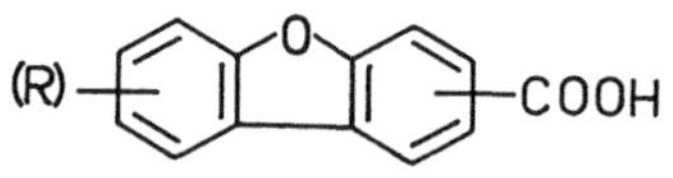

Man kann generell davon ausgehen, daß alle aliphatischen, alicyclischen und aromatischen Kohlenwasserstoffe ebenso wie die Heterocyclen in carboxylierter Form auftreten können.
Diese Annahme gilt auch für das Vorkommen von pentacyclischen triterpenoiden Säuren und Steroidsäuren:

C$_{28}$- und C$_{32}$-Hopansäuren

C$_{22}$- und C$_{24}$-Steroidsäuren

Die Fraktion der Heterokomponenten besteht neben eindeutig identifizierbaren Verbindungen noch aus einer Vielzahl von Komponenten mit größeren Molekulargewichten von über 1000 Dalton. Neben großen Molekülaggregaten, wie sie die Asphaltene darstellen, und anderen mizellaren Aromatkomponenten, stellen auch die Harze chemisch schwer definierbare Substanzen dar.

Heterocyclen:

Die Heterocyclen kommen mit und ohne aliphatische Seitenketten vor und sind - ähnlich wie die aromatischen Kohlenwasserstoffe - als stabile Endprodukte von Inkohlungsvorgängen anzusehen. Der organische Schwefel im Bitumen liegt meistens in Form von Thioethern oder Thioaromaten vor, die auch aliphatische Reste in homologer Reihenfolge tragen können:

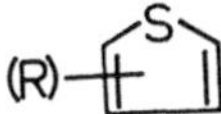

Thiopene

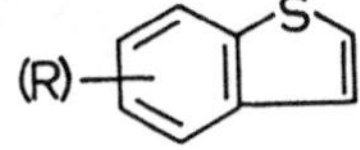

Benzothiophene

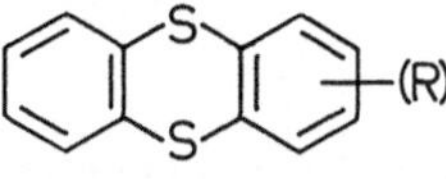

Thiaanthrene

Sauerstoff und Stickstoff kann ebenfalls in heterocyclischen Ringen gebunden sein:

Benzofurane   Chinoline

D.2.5. Porphyrine

Die Porphyrine spielen eine große Rolle in der Geschichte der organischen Geochemie. Ihre Entdeckung in einem triassischen Ölschiefer durch A. Treibs im Jahre 1934 beendete die Spekulation über die Herkunft des fossilen organischen Materials in Sedimenten, da die Porphyrine unzweifelhaft von den biologisch gebildeten Chlorophyllen abstammen. In rezenten Sedimenten unterliegen die Chlorophylle einem raschen diagenetischen Abbau zu den entsprechenden Deoxophylloerythroetioporphyrin (DPEP) und Etioporphyrin-III (ETIO), wobei hauptsächlich nur C_{29}- bis C_{32}-DPEP gebildet werden. Danach erfolgt eine Chelatisierung durch Ni und VO, aber auch Cu, Fe und Ga-Porphyrine sind schon gefunden worden. Chelatisierte Porphyrine sind stabiler als die unkomplexierten Vertreter. Von den Metalloporphyrinen erfolgt unter geothermischem Streß eine Öffnung des isocyclischen DPEP-Ringes unter Bildung der Etioporphyrine.

Deoxophylloerythroetioporphyrin   Etioporphyrin-III

Man nimmt an, daß gleichzeitig Transalkylierungen zwischen Porphyrinen untereinander oder von Porphyrinen mit anderen Partnern oder mit dem Kerogen stattfinden, welche die C_{27}- bis C_{39}-Porphyrine entstehen lassen. Dieser Prozess ist mit dem Auftreten von Di-DPEP und Benz-porphyrinen

(Rhodo-Typen) verbunden:

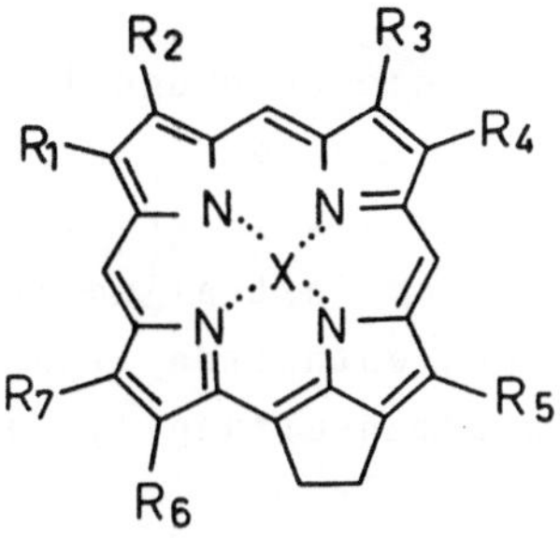

DPEP-Typ

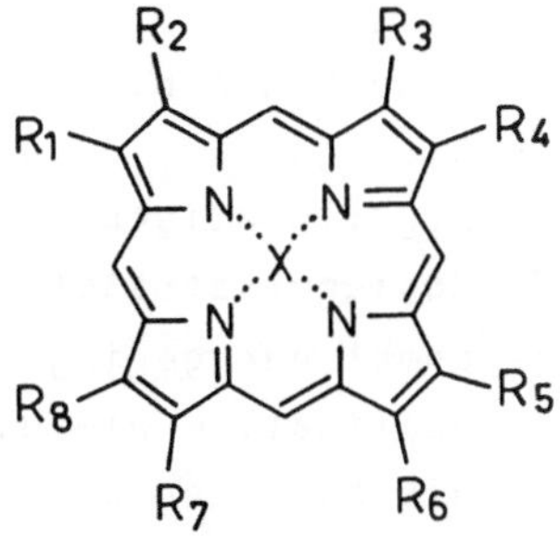

ETIO-Typ

Di–DPEP

$R_1 \cdots\cdots R_8 = C_1 \cdots\cdots C_7$

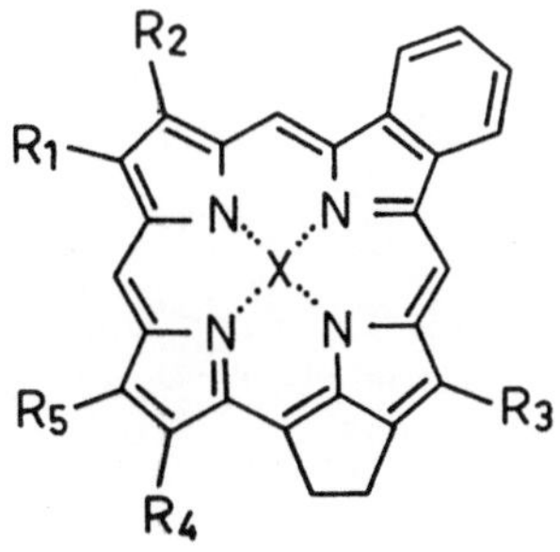

RHODO-DPEP

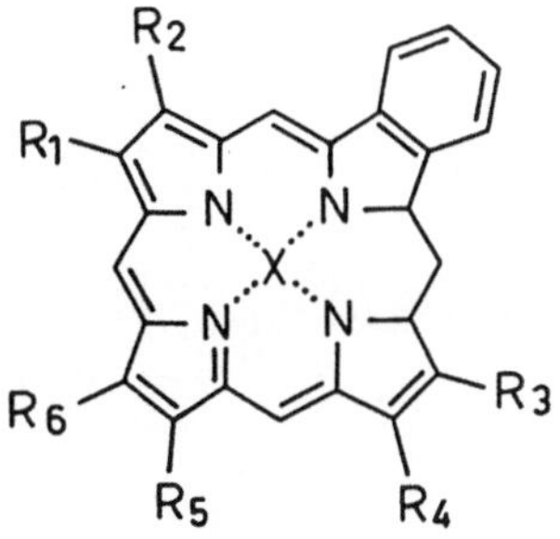

RHODO–ETIO

Die verschieden langen Seitenketten von C_1 bis C_7 ergeben Molekülgrößen mit 25 bis 60 C-Atomen. Über die Ursachen der Bildung der verschiedenen Nickel- und Vanadylporphyrine ist bislang wenig bekannt geworden.

D.2.6. Leichtflüchtige organische Verbindungen

Es gibt eine Reihe von Kohlenstoffverbindungen, die aufgrund ihres niedrigen Siedepunktes gasförmig vorliegen oder leicht verdampfen und deshalb zu den Leichtflüchtigen gezählt werden. Dies ist in erster Linie bei den C_1 bis C_8-Kohlenwasserstoffen der Fall, die in fast allen Sedimentgesteinen in manchmal nur geringen Konzentrationen enthalten sind. Jedoch variiert ihre qualitative wie quantitative Zusammensetzung, je nach Diffusionsverhältnissen, sehr stark.

Ihr Vorkommen in Oberflächensedimenten kann einmal von Ansammlungen durch Migration aus dem tieferen Untergrund herrühren, aber auch durch den geochemischen Abbau sehr labiler organischer Substanzen, an dem die Mikroorganismen nicht unbeteiligt sind. Eine Ausnahmestellung genießt das Methan, das in anaeroben Sedimentablagerungen direkt durch mikrobielle CO_2-Reduktion in großen Mengen neu gebildet wird. Methan ist auch in fast tausendfach größerer Menge als alle übrigen Kohlenwasserstoffe vorhanden, die nur in Nanogramm (10^{-9} Gramm) pro Gramm Trockensediment auftreten. Neben Methan kommen primär C_5-Alkene, Benzol und Toluol vor. Eine Zusammenfassung gibt die Tabelle 15.

Tabelle 15. Leichtflüchtige organische Substanzen in Sedimenten

KOHLENSTOFFZAHL	ALKANE	ALKENE	ANDERE
1	Methan		
2	Ethan	Ethen	Dimethylsulfid
3	Propan	Propen	
4	n-Butan		2-Methylfuran
4	i-Butan		3-Methylfuran
5	n-Pentan	C_5-Alkene	3-Methylbutanal
5	i-Pentan	2-Methylbuten-2	2-Methylbutanal
5	Cyclopentan		3-Pentanon
5	2-Methylbutan		
6	n-Hexan		2,5-Dimethylfuran
6	Cyclohexan		
6	2,2-Dimethylbutan	Cyclohexen	2-Methylthiophen
6	2,3-Dimethylbutan	1-Methylcyclo-penten	Benzol
6	2-Methylpentan		
6	3-Methylpentan		
6	Methylcyclopentan		
7	n-Heptan	3,5-Dimethyl-cyclopenten	Toluol
7	3,3-Dimethylpentan		
7	1,1-Dimethylcyclo-pentan	1,5-Dimethyl-cyclopenten	
7	2,3-Dimethylpentan		
7	1,3-Dimethylcyclo-pentan		
7	1,2-Dimethylcyclo-pentan		
7	3-Ethylpentan		
7	2-Methylhexan		
7	3-Methylhexan		
7	Methylcyclohexan		

Das Auftreten von organischen Schwefelverbindungen (z.B. Dimethylsulfid)
ist nur unter anoxischen Bedingungen möglich. Furane und andere 2-Methyl-
alkene stammen wohl von marinen Terpenen ab. Die Furane sind nur während
der Frühdiagenese anzutreffen und verschwinden sehr rasch.

Der Übergang zu den reifen Sedimenten ist vor allem gekennzeichnet durch
ein Verschwinden der ungesättigten Alkane und dem stark vermehrten Auftreten von gesättigten C_2- bis C_7-Kohlenwasserstoffen mit allen möglichen
Isomeren, die durch geothermische Prozesse neu gebildet werden. Dies
gilt insbesondere für Kohlenwasserstoffe mit tertiären und quartären
C-Atomen.

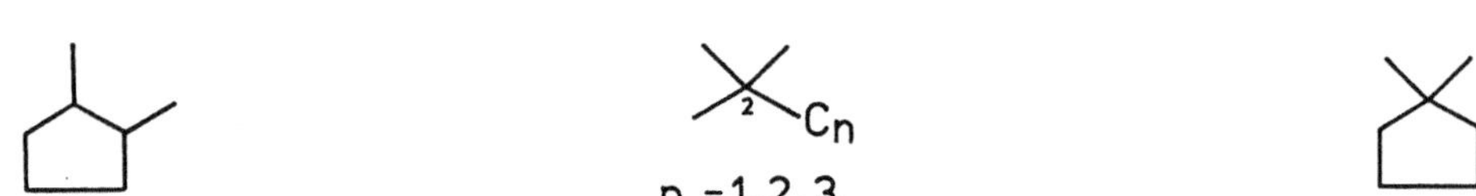

2,3-Dimethylalkane	3-Ethylpentan	Ethylcyclopentan

1,2-Dimethylcyclopentan	2,2-Dimethylalkane	1,1-Dimethylcyclopentan

Die mehr als tausendfache Zunahme der leichten Kohlenwasserstoffe mit der
Teufe beruht auf ihrer temperaturkontrollierten Neubildung. In den mengenmäßigen Anteilen an generierbaren leichten Kohlenwasserstoffen spiegeln
sich fazielle Unterschiede wider, weil marine Tonsteine etwa die drei-
fache Menge beinhalten als terrestrische Sedimente gleichen Inkohlungsgrades.

D.3. Öl- und Gasbildung

Ein Teil des als Bitumen vorliegenden organischen Materials ist in der
Lage, aus den meist feinkörnigen Sedimentpartien auszuwandern, d.h. zu
migrieren, und sich als eigenständige Phase in porösen Gesteinsfallen
in Form von Erdölen zu akkumulieren. Deshalb haben Erdöle prinzipiell
die gleiche qualitative Zusammensetzung wie das Bitumen der Muttergesteine ("source-rocks"), dem sie entstammen. Die Migrations- und Akkumula-

tionsmechanismen basieren auf vielfältigen physikochemischen Vorgängen, die mit der Dichte des Öls, den Permeabilitäten und Porositäten der Gesteinsschichten und den hydrodynamischen Verhältnissen in Verbindung zu bringen sind.

Man unterscheidet zwei Migrationsarten. Die primäre Migration bedeutet das Auswandern von Öltröpfchen aus den bitumen- und kerogenreichen sowie feinkörnigen, aber gering permeablen Muttergesteinen. Dieser Vorgang ist bislang noch nicht ganz verstanden, aber man nimmt an, daß dabei hauptsächlich eine Auswanderung des Bitumens in Form einer eigenständigen Phase auftritt. Bei leichtflüchtigen Kohlenwasserstoffen und Erdgasen -besonders in größeren Teufen- könnte auch eine Lösungsmigration auftreten. Der Migrationsweg folgt immer in Richtung eines geringeren Druckes. Deshalb findet die Auswanderung aus kompakten Sedimenten in danebenliegende, poröse Gesteine, z.B. wassergefüllte Sandsteine, statt.

Der Dichteunterschied zwischen dem Formationswasser und dem Öl sorgt für den Auftrieb als die treibende Kraft während der nun einsetzenden sekundären Migration. Diese erfolgt solange, wie die Porositäten des Gesteins groß genug und die entgegenwirkenden Kapillardrucke klein genug sind. Ist eine dieser beiden Voraussetzungen nicht mehr erfüllt, erfolgt die Akkumulation zu einer kontinuierlichen Öl- oder Gasphase in einem entsprechenden porösen Trägerstein. Dies geschieht meist in geologischen Hochlagen, die als strukturelle oder stratiographische Fallen ausgebildet sein können. Strukturelle Reservoirs entstehen meist durch tektonische Vorgänge (Bewegungsvorgänge) an Antiklinalen (Aufwölbungen) und Verwerfungen (sprunghafte Verschiebung der Erdschichten). Stratigraphische Fallen werden z.B. durch Vertonung von Sandsteinen oder Überdecken mit einem Salzhorizont gebildet. In allen Fällen ist eine Abdichtung für die Bildung und Erhaltung einer Lagerstätte ("cap rock") vonnöten.

Die Ölbildung in Muttergesteinen ist eng mit den Reifeprozessen des organischen Materials verbunden. Wie schon mehrfach betont, sind organische Substanzen temperaturempfindlich. Diese Thermolabilität ist es auch, die die Erdölvorkommen normalerweise auf maximal 6000 m Teufe begrenzt. So ist auch die Entstehung von Bitumen aus dem fein-dispersen Kerogen der Muttergesteine ebenfalls an Mindest- und Maximaltemperaturen von ca. 50 bis 150° C gebunden. Daraus resultieren minimale und maximale Versenkungsteufen, die wiederum vom geothermischen Gradienten abhängig sind. Ferner wird die Erdölbildung durch die Versenkungsdauer gefördert.

Eine Bitumenneubildung und somit das Vorkommen von Erdöl hängt auch von
der Sedimentfazies ab. Nur Gesteine, die wasserstoffreiche Kerogene
vom Typ II und I (Abb. 15) enthalten, sind in der Lage, kohlenwasser-
stoffreiches Bitumen innerhalb eines Inkohlungsgrad-Intervalls abzugeben.
Dies entspricht einer Vitrinitreflexion von 0,5% bis 1,3%. Terrestrische
Kerogene vom TypIII sind nichtin der Lage, nennenswerte Mengen an flüssigen
Kohlenwasserstoffen zu bilden. In diesem Zusammenhang ist noch zu er-
wähnen, daß klastische Gesteine erst dann Muttergesteinsqualitäten besitzen, wenn sie einen Mindestgehalt an organischem Kohlenstoff von
0,5% besitzen (für Karbonate gilt 0,3%). Der Grund dafür liegt darin,
daß -weltweit gesehen- in Sedimenten ein inerter organischer 0,3%iger
Kohlenstoffanteil von meist terrestrischer Herkunft ("Dead Carbon")
existiert. Deshalb kann sich nur in den aquatischen Systemen, wo eine
restriktive Wasserzirkulation oder eine schnelle Sedimentabdeckung den
Sauerstoffzutritt behindert, so viel organisches Material aquatischen
Ursprungs erhalten, daß sich eine Muttergesteinsfazies ausbilden kann.
Ferner muß in reifen Muttergesteinen ein Mindestanteil an migrierbarem
Bitumen vorliegen, der bei 30 bis 50 Milligramm pro Gramm organischen
Kohlenstoffes liegt.

Es gibt Öl/Gas-Lagerstätten in denen das Erdgas mit dem Öl assoziiert
ist und reine Erdgaslagerstätten. Die Öl/Gas-Lagerstätten resultieren
daraus, daß aufgrund der Druck-, Volumen- und Temperaturverhältnisse
eine Entlösung der im Öl gelösten gasförmigen Komponenten stattgefunden
hat. Gleiches gilt für tiefgelegene Öllagerstätten, deren Inhalt durch
Crackprozesse Kondensate und nasse Gase liefert.

Überreife Kerogene mit Vitrinitreflexionen >1,3% und terrestrische Kerogene vom Typ III vermögen ebenfalls trockenes Gas, in erster Linie Methan, zu liefern, das sich in entsprechenden Lagerstätten akkumulieren
kann, falls entsprechende Speichermöglichkeiten vorhanden sind, die den
Erdölreservoirs ähneln. Gasförmige Kohlenwasserstoffe können auch mit
Wasser bei niedrigen Temperaturen und hohen Drucken feste Hydrate bilden, in denen sie als Clathrate eingeschlossen sind. Akkumulierte Me-
than-Hydrate befinden sich unter der Permafrost-Region und wahrscheinlich in den Tiefseebereichen, wo ein entsprechend hoher Wasserdruck
herrscht.

D.3.1. Geochemie des Erdöls

Erdöle können sich in ihrer Dichte und Viskosität stark voneinander unterscheiden. Dies wird durch unterschiedliche Molekülgrößen und chemische Stoffgruppenzusammensetzungen verursacht. Die Elementarzusammensetzung ist erstaunlich wenig variabel, sie liegt zwischen

$$83 - 87\% \text{ Kohlenstoff}$$
$$11 - 15\% \text{ Wasserstoff}$$
$$0 - 5\% \text{ Sauerstoff}$$
$$0,01 - 10\% \text{ Schwefel}$$
$$0,01 - 2\% \text{ Stickstoff}$$

Kohlenstoff und Wasserstoff ergeben über 97%, d.h., das atomare HC-Verhältnis liegt bei 1,8:1 (Abb. 15).

Die chemische Zusammensetzung der Erdöle ist äußerst komplex, da in ihnen eine Vielzahl von Verbindungen mit einem sehr großen Molekulargewichtsbereich vereinigt sind. Die Erdöle enthalten prinzipiell die gleichen organischen Verbindungen wie die Bitumina ihrer Muttergesteine. Nur findet durch die erwähnten Migrationsmechanismen eine leichte chemische Separierung statt, indem in Erdölen die unpolaren Komponenten, d.h. die Kohlenwasserstoffe, angereichert sind. Somit enthalten sie hauptsächlich Kohlenwasserstoffe und einen polaren Anteil an N,S,O-Verbindungen, also den Heterokomponenten, die Stickstoff, Schwefel und Sauerstoff enthalten. Die Kohlenwasserstoffe bestehen aus der Fraktion der gesättigten Kohlenwasserstoffe, die die normal und verzweigten Alkane (Paraffine) und Cycloalkane (Naphthene) beinhalten. Die Aromatenfraktion setzt sich aus den aromatischen Kohlenwasserstoffen, Naphthenoaromaten und schwefelhaltigen Heterocyclen zusammen. Eine weitere polare Fraktion enthält die N,S,O-Verbindungen und die Gruppe der Erdölharze & Asphaltene. Harze & Asphaltene stellen oleophile Kolloide dar, sie unterscheiden sich aber in ihrer Größe. Eine Trennung der beiden Kompontenen ist dadurch möglich, daß die Asphaltene in leichten Alkanen (z.B. n-Pentan) unlöslich sind. Im Erdöl werden die Kolloide durch die Kohlenwasserstoffe dispergiert und stabilisiert.

Normale Öle enthalten durchschnittlich 60% gesättigte Kohlenwasserstoffe (Paraffine) und etwa 30% Aromaten. Den Rest stellen die N,S,O-Verbindungen incl. Harze & Asphaltene dar (Abb. 20). Bitumina der reifen Muttergesteine hingegen enthalten normalerweise etwa 30% Alkane, 20% Aromaten und 50% Heterokompontenen.

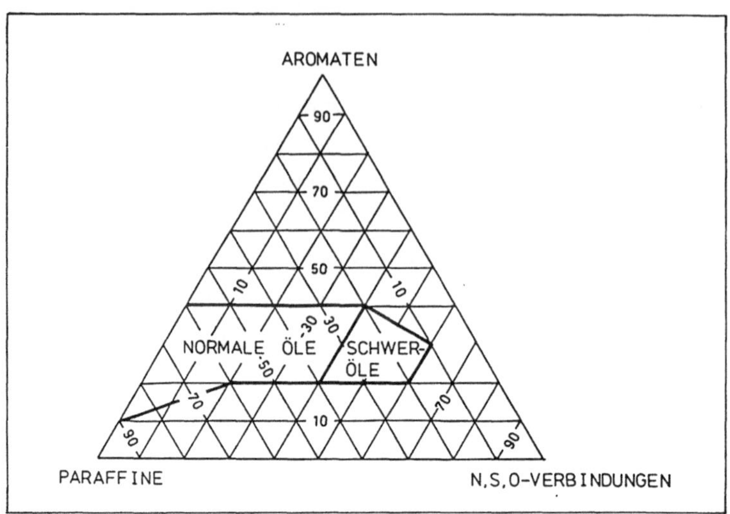

Abb. 20. Zusammensetzung der Erdöle nach Stoffklassen

Es ist ein typisches Kennzeichen von Erdölen wie für reife Erdölmutter-
gesteine, daß sie keine ungesättigten Kohlenwasserstoffe vom Olefintyp
mehr enthalten.

In Tabelle 16 ist eine grobe qualitative Aufgliederung der Stoffgruppen
vorgenommen worden, die in Erdölen vorkommen. Hieraus wird deutlich, daß
sich die Kohlenwasserstoffe am besten differenzieren lassen, weil sie
analytischen Methoden am leichtesten zugänglich sind. Nach ihnen kann
man auch eine Klassifikation von Erdölen vornehmen, indem man von paraf-
finischen oder paraffin-naphthenischen Ölen oder von aromatischen Ölen
spricht. Paraffinische Öle sind meist leicht und haben mehr als 50% Alkane. Sie sind außerdem schwefelarm (<1% S) und enthalten hohe Anteile
an n-Alkanen mit mehr als 20 C-Atomen, die dem Öl bei Normaltemperatur
eine wachsartige Konsistenz verleihen. Sie entstammen aus Muttergesteinen, die einen hohen Anteil an terrestrischem Pflanzenmaterial (Kutikulen) beinhalten. Bei (bio)-degradierten Ölen steigt der Gehalt an Naphthenen, und es bilden sich mehr naphthenische Öle heraus Aromatische
Öle aus mariner organischer Fazies sind erheblich schwerer, wobei ihr
Anteil an Alkanen unter 50% liegt, die Harze & Asphaltene dagegen ca.
25% übersteigen können.

Das spezifische Gewicht und der Schwefelgehalt der Erdöle nimmt mit zunehmender Teufenlage der Lagerstätten ab. Dagegen vermehren sich durch

die thermische Belastung (thermische Alteration) die (leichten) Kohlen-.
wasserstoffe. Es erfolgt dabei gleichzeitig eine Abnahme der langkettigen
n-Alkane, Cycloalkane, Naphthenoaromaten und polycyclischen Aromaten mit
Vier- und Mehrringsystemen. Die Ausbildung von leichten Erdölen mit zunehmender Teufe bringt durch die Verringerung der Heterokomponenten auch
ihre Qualitätsverbesserung mit sich (Abb. 21).

Tabelle 16. Vorkommen von verschiedenen Verbindungsklassen in Erdölen

		STRUKTURTYPEN	SUMMENFORMEL	C-ZAHLEN
ALKANE	Paraffine	n-Alkane	C_nH_{2n+2}	n=1...60
		i-Alkane	C_nH_{2n+2}	n=4...60
		Isoprenoide	C_nH_{2n+2}	n=9...40
	Naphthene	Cycloalkane	$C_nH_{2n(-2,-4,-6,-8)}$	n=6...
		Sterane	C_nH_{2n-6}	n=22...31
		Diterpane	$C_nH_{2n(-2,-4,-6)}$	n=18...21
		Triterpane	$C_nH_{2n(-6,-8)}$	n=27...35
AROMATEN		Naphthenoaromaten	$C_nH_{2n(-8,-10...-24)}$	n=10...
		Alkylbenzole	C_nH_{2n-6}	n=6...
		Alkylnaphthaline	C_nH_{2n-12}	n=10...
		Alkylphenanthrene	C_nH_{2n-18}	n=14...
		Polyaromaten	$C_nH_{2n(-24...-48)}$	n=18...
HETEROKOMPONENTEN		Carbonsäuren	aliphatische, cyclische, aromatische	
		Ether	aliphatische, cyclische, Thioether	
		Phenole	Naphthole, Polyphenole	
		Heterocyclen	Thiophene, Chinoline, Azaarene	
			Porphyrine	
			Harze & Asphaltene	

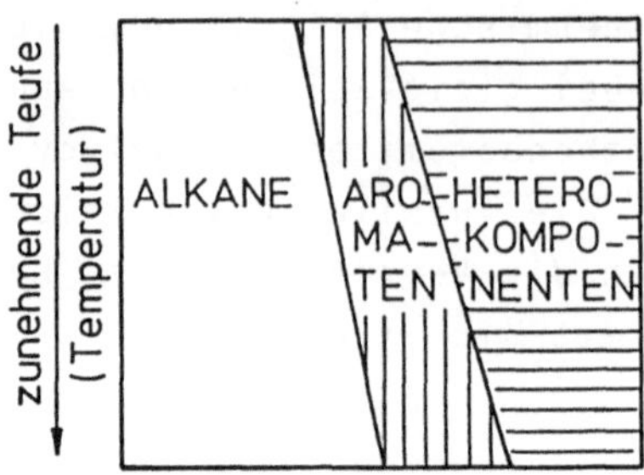

Abb. 21. Veränderung der stofflichen Zusammensetzung der Erdöle mit zunehmender Teufenlage

Für die Exploration auf Erdöllagerstätten ist die organische Geochemie
außerordentlich wichtig geworden. Die Suche und Ansprache von Sediment-
paketen mit potentiellem Muttergesteinscharakter durch die Bestimmung
ihres faziellen Typs, ihrer geothermischen Reife und ihres eventuell vorhandenen Ölbildungspotentials geschieht mit quantifizierten organisch-
geochemischen Methoden. Die bislang eingehend untersuchten geochemischen
Fossilien dienen zum Vergleich von Erdölen untereinander und der Korrelation von Erdölen mit ihren Muttergesteinen, indem Ähnlichkeiten in ihren relativen Verteilungsmustern gesucht werden. Die Ergebnisse sowohl der Mut-
tergesteinsansprache als auch der Korrelationsanalysen sind für erdöl-
geologische Überlegungen von außerordentlich großem Nutzen.

D.3.2. Teersande und Schweröle

Teersande oder besser Schwerölsande sind Lagerstätten, die nicht fließ-
fähige und somit ohne zusätzliche drastische thermische Maßnahmen nicht
gewinnbare, sehr schwere Öle ("Extra Heavy Oils") hoher Viskosität
(>10.000 cP) und hohem spezifischen Gewicht (>1.000g/cm³) enthalten. Als
Schweröle ("Heavy Oils") bezeichnet man Erdöle, die unter Reservoirbedin-
gungen Viskositäten zwischen 10 und 10 000 cP und Dichten bis 1.000g/cm³
besitzen, aber noch förderbar sind.

Direkt unter der Erdoberfläche liegende Schwerölsande können "ausgelau-
fene" Lagerstätten sein. Das bekannteste Beispiel sind die Athabasca-
Teersande in Kanada. Die Migrationsbewegungen der Erdöle orientieren sich
aufgrund des Auftriebs "nach oben" und, falls keine Abdichtung (mehr) vorhanden ist, gelangen die Öle an die Erdoberfläche und werden unter Sauerstoffeinfluß in Schweröle umgewandelt. Auch während der Migration können
sich unter dem Einfluß verschiedener physikalisch-chemischer Faktoren die

leichten Komponenten segregieren, die dann ein Öl mit größeren Anteilen
an Substanzen mit höherem Molekulargewicht zurücklassen.

Eine weitere Ursache für Alterationsprozesse der gepoolten Schweröle
liegt in den in der Lagerstätte zirkulierenden, meteorischen und sauer-
stoffhaltigen Wässern, die Oxidations- und Biodegradationsprozesse hervorrufen. Ein typisches Charakteristikum dafür ist das vollständige Fehlen der normal-Alkane, da diese aus der Palette der Ölinhaltsstoffe als
erste mikrobiell angegriffen und zu Kohlendioxid und Wasser endoxidiert
werden. Ferner zeichnen sich extraschwere Öle durch die außerordentlich
hohen Schwefelgehalte von 4% bis 10% aus. Eine Zusammenfassung ergibt
sich aus der folgenden Tabelle 17.

Tabelle 17. Charakteristische Merkmale von Schwerölen

Spez. Gewicht	: 0,998 - 1,1g/cm³
Viskosität	: 10 - 5·10⁴mPa·s (cP)
Schwefel	: 4 - 10%
Vanadium	: 100 - 1000 ppm
Nickel	: 50 - 150 ppm
Kohlenwasserstoffe	: 24 - 44%
Harze	: 14 - 35%
Asphaltene	: 15 - 45%

D.4. Ölschiefer

Ölschiefer sind bitumenreiche Sedimente mit einem organischen Kohlenstoffgehalt zwischen 5% und 35% und sind in der Lage, beim Erhitzen
Öl abzugeben. Im Gegensatz zu den Ölsanden ist das vorhandene organische Material zusammen mit den übrigen Sedimentbestandteilen abgelagert
worden (authochthon) und nicht eingewandert. Es handelt sich meist um
fein laminierte und sapropelitische Sedimente mit wasserstoffreichem,
organischen Material. Oftmals sind noch petrographisch erkennbare fossile Algenmatten aus Cyano- und Chlorophyceen erkennbar, die unter subtropischen Bedingungen im Flachwasser abgelagert wurden. Die Algenreste

wie auch die übrige amorphe, organische Substanz haben atomare H/C-Verhältnisse von 1,25 bis 1,75, bzw. 0,02 bis 0,2 für den O/C-Quotienten. Somit liegen sie im H/C-O/C-Diagramm im Bereich des Kerogentyps I (Abb. 15 u. 16).

Die in großen Seen- und Flachmeerbereichen gebildeten Ölschiefer bestehen hauptsächlich aus aliphatisch aufgebautem organischen Material. Ölschiefer aus kleineren Seen und Sümpfen enthalten mehr aromatische Substanzen.

Die organischen Substanzen im Ölschiefer sind die gleichen, die auch im Bitumen der Sedimente und der Erdöle gefunden werden, so daß hier nicht näher darauf eingegangen werden muß (Tabelle 18).

Tabelle 18. Qualitative Zusammensetzung von Ölschiefer-Bitumen.

KOHLENWASSERSTOFFE	n-Alkane iso-Alkane anteiso-Alkane Isoprenoide	mit C_{10} bis C_{40}-Kettenlänge
	Cycloalkane mit aliphatischen Seitenketten	
	Sterane, Di- Tri- und Tetraterpane	
	Aromaten und Naphthenoaromaten	
HETERO-KOMP.	Carbonsäuren, Ketone und Porphyrine	
	Harze und Asphaltene	

Die Harze und Asphaltene sind auch für die dunkle Färbung der Ölschiefer verantwortlich, falls nicht sehr fein verteilter Pyrit ausschlaggebend ist.

D.5. Geochemie der Kohlen

Die Kohlenvorkommen stellen mit 10^{13} Tonnen mengenmäßig eine fünfzigfache größere Akkumulation von organischem Material dar, als die Erdöl- und Erdgaslagerstätten mit ca. $6 \cdot 10^{11}$t. Im Gegensatz zu dem vorwiegend marinen Ursprung der Erdöle sind die Kohlen größtenteils fossilisierte Reste von höheren terrestrischen Pflanzen. Flözkohlen bestehen überwiegend aus fester, organischer Substanz, die am Entstehungsort abgelagert

worden ist, während Erdöle und Erdgase sich durch Migration von ihren
Muttergesteinen separiert haben. Die Kohlenvorkommen können nicht älter als
das Zeitalter des Devons sein, da erst zu dieser Zeit die Eroberung des
Festlandes durch die terrestrische Flora stattfand.

Kohlen als authochthone Ablagerungen durchlaufen bei ihrer Absenkung eine Reihe von charakteristischen stofflichen Veränderungen. Deshalb läßt
sich eine Inkohlungsreihe mit unterschiedlichem Inkohlungsgrad (Rang)
der Kohlen aufstellen. Die Produkte der inkohlungsgradmäßig ablaufenden
Disproportionierungsreaktionen wandern nicht aus, sondern verbleiben
weitgehend im Kohlenflöz, so daß an ihnen die sich dabei abspielenden
chemischen Prozesse ablesen lassen.

D.5.1. Kohlenbildung

Rezente Beispiele für die Vorläufer der Kohlenlagerstätten sind waldrei-
che Sumpflandschaften und Niedermoore. In den Moor- und Sumpfbereichen
ist ein ungehinderter Sauerstoffzutritt nicht gewährleistet, so daß ab-
gestorbenes Pflanzenmaterial langsamer abgebaut wird als neues hinzu-
wächst. Ein gleichzeitiges Absinken des Untergrundes im Sinne eines biotektonischen Gleichgewichtes läßt mächtige Akkumulation von organischem
Material entstehen.

Man unterscheidet -je nach organischem Ausgangsmaterial und Ablagerungs-
bedingungen- zwischen Humuskohlen und den seltenen Sapropelkohlen. Die
letzteren entstehen in sauerstoffarmen Seen und Lagunen und sind ohne
Strukturierungen. Dazu gehören auch die aus Algenrückständen aufgebauten
Bogheadkohlen und die Kännelkohlen, die noch größere Lagen an Pollen
und Sporen enthalten.

Die weitaus häufigeren Humuskohlen haben zuvor ein Torstadium durchlaufen, das durch ausgeprägte Humifizierungsprozesse gekennzeichnet ist.
Die organische "Massenware" von terrestrischen Pflanzen ist Lignin und
Cellulose. Sie unterliegen normalerweise einer totalen aeroben Minera-
lisierung. Als die eigentlichen Ausgangsmaterialien der Humuskohlen werden jedoch nur Lignin und die daraus gebildeten Huminstoffe angesehen,
da Cellulose schon im Torfstadium biochemisch leicht abgebaut wird.
Hinzu kommen verschieden große Anteile an relativ stabilen und wasserstoffreichen Komponenten, wie sie die Reste von Pollen, Sporen, Blatt-
kutikulen mit Wachsen darstellen. Die Ausgangsvegetation der verschiedenen Kohlenlagerstätten ist ebenfalls unterschiedlich, da die Pflanzenwelt einer evolutionären Entwicklung unterliegt. Deshalb wurden z.B.

die Karbonkohlen aus einer Pteridophytenflora und die Tertiärkohlen aus einer Vegetation gebildet, wie sie heute in subtropischen und tropischen Breiten vorherrscht.

Ein Abbau der organischen Pflanzensubstanz erfolgt anfangs überwiegend durch mikrobielle Aktivität, die allmählich erlischt und in eine geochemische Phase übergeht. Während der biogeochemischen Phase werden auch die Huminstoffe gebildet. Die Huminsäuren durchdringen die noch vorhandenen Zellen und Zellzwischenräume und fallen unter Gelbbildung aus. Ferner werden sie durch zirkulierende Wässer transportiert und bilden besonders im subaquatischen Bereich unter Zusammenschluß zu neuen Aggregaten (Hydrosole) einen kolloidalen und schwarzgefärbten Niederschlag ("Dy").

Werden die abgelagerten Torfe unter Sedimentbedeckung immer weiter abgesenkt, unterliegen sie einer Entwässerung und Verdichtung der organischen Substanz. Es bilden sich die Braunkohlen heraus. Erst unter dem Einfluß von steigender geothermischer Temperatur und petrostatischem Druck werden aus Braunkohlen die Steinkohlen, dann Anthrazite und schließlich terrestrische Graphite. Somit wird der jeweilige Inkohlungsgrad der Kohlen nicht von ihrem Ablagerungsalter, sondern von ihrer maximalen Versenkungsteufe und ihrer tektonischen Beanspruchung bestimmt. Kohlen umfassen auch einen viel größeren Inkohlungsbereich als Erdöle, die nur in einem bestimmten Inkohlungsintervall dem sogenannten "Ölfenster" gebildet werden können.

D.5.2. Inkohlungsreihe

Die verschiedenen Kohlenarten, wie Braunkohlen und Anthrazit sind Ausdruck ihres unterschiedlichen geochemischen Zustandes und ihrer differenzierten chemischen Zusammensetzung. Die Inkohlung der Kohlen verläuft auf einem Inkohlungsband, wie es auf dem van Krevelen-Diagramm in Abbildung 15 dargestellt worden ist. Dabei bewegen sich die Kohlen im unteren Teil des H/C-O/C-Diagramms. Sie entsprechen damit weitgehend dem Typ III-Kerogen von Sedimenten. Der Kohlenstoffgehalt der Kohlen wächst vom Torfstadium bis zum Anthrazit. Gleichzeitig nimmt ihr Sauerstoffanteil durch Verlust von Wasser und Kohlendioxid sehr stark ab, während die Wasserstoffanteile erst bei den geringflüchtigen Steinkohlen zum Anthrazit hin durch eine Demethanisierung zurückgehen. Beide Stadien sind durch die sicherlich unterschiedlichen Bildungsenergien kleiner fugizider Moleküle (H_2O, CO_2, CH_4) gekennzeichnet. Falls die Inkohlung eine kinetisch kontrollierte Reaktion darstellt, können beide Stadien auch nicht gleichzeitig ablaufen. Der größte Teil der Elementarveränderungen während der Inkohlung betrifft also den Kohlenstoff und den Sauerstoff, wobei mit der zunehmenden Inkohlung ein zunehmender Kohlenstoffgehalt einhergeht.

Da die Kohlen industriell benötigte Rohstoffe mit unterschiedlichen Eigenschaften darstellen, hat es an Klassifikationsversuchen nicht gefehlt. Dabei werden hauptsächlich der Kohlenstoffgehalt, der ursprüngliche Wassergehalt, der Brennwert und der Anteil an flüchtigen Bestandteilen beim Erhitzen unter Luftabschluß zu einer Abgrenzung der einzelnen Kohlensorten herangezogen. Ferner dienen petrographische Methoden, besonders der Reflexionsgrad des Vitrinits, zur Bestimmung der verschiedenen Rang-Stufen. Insgesamt lassen sich die Kohlen unterschiedlichen Inkohlungsgrades in die in Tabelle 19 aufgeführten Rangstufen unterteilen.

Tabelle 19. Klassifikation der Kohlen nach ihrem Rang

	DEUTSCH	AMERIKAN.-ENGLISCH
	Torf	Peat
	Weichbraunkohle (Wbk)	(Brown) Lignite (lB)
	Mattbraunkohle (Mbk)	subbituminous Coal C (sbC)
	Glanzbraunkohle (Glbk)	subbituminous Coal B (sbB)
	Flammkohle (Flk)	High volatile B (hvBb)
	Gasflammkohle (Gk)	bituminous Coal A (hvAb)
	Gaskohle (Gk)	Medium volatile
	Fettkohle (Fk)	bituminous Coal (mvb)
	Esskohle (Ek)	Low volatile bituminous Coal (sa)
	Magerkohle (Mk)	Semi-Anthracite (sa)
	Anthrazit (A)	Anthracite (an)
	Methaanthrazit	Meta-anthracite
	Graphit	Graphite

(Seitlich, nach unten: zunehmende Inkohlung)

Bei dieser Aufstellung stimmen die deutschen und englischen Bezeichnungen nicht überein. Generell kann man in Braunkohlen (Lignites) bituminöse Steinkohlen (Bituminous Coals) und Anthrazite unterteilen. In der Inkohlungsreihe lassen sich durch das unterschiedliche physikalische und chemische Verhalten der jeweiligen Kohlen zwei sprunghafte Umwandlungen feststellen. Ein erster Inkohlungssprung von der Braunkohle zur Steinkohle ist beim Übergang von der Glanzbraunkohle zur Flammkohle zu ver-

zeichnen. Ein zweiter Umwandlungsprung ist bei der Bildung von Mager-
kohle und Anthrazit aus der Esskohle erkennbar.

D.5.3. Kohlenmacerale

Jeder mikroskopisch identifizierbare organische Einzelbestandteil einer
Kohle wird einem Maceral zugeordnet, an dem häufig noch die Herkunft von
pflanzlichen Bruchstücken erkennbar ist. Man unterscheidet drei mikro-
petrographische Maceralgruppen: Liptinite (oder Exinite), Vitrinite (bei
Braunkohlen Huminite) und Inertinite. Diese sind wieder in verschiedene Macerale und Maceraltypen usw. differenzierbar. Zu der Gruppe der Liptinite gehören die wasserstoffreichen Pflanzenreste aus Sporopollenin
und Cutikulen, sowie Algenreste und Harzkörper. Zu den sauerstoffreichen
Vitriniten und die als ihre Vorläufer in Braunkohlen vorkommenden Huminite zählen die pflanzlichen Gewebereste, die mehr oder weniger mit
Humusstoffen durchsetzt und vergelt sein können. Kohlenstoffreiche und
damit relativ "inerte" Kohlenbestandteile gehören petrographisch zu der
Gruppe der Inertinite. Sie können morphologisch sehr unterschiedlich
ausgebildet sein, haben aber ein glanzartiges Aussehen im Auflicht des
Mikroskops.

Die Macerale verändern bei steigendem Inkohlungsgrad, jedoch in unterschiedlichem Maße, ihre chemischen und physikalischen Eigenschaften. Das
bei niedrigen Inkohlungsgraden gegenüber dem Auflicht unterschiedliche
Reflexionsverhalten der einzelnen Maceralgruppen verliert sich bei zunehmender Inkohlung. Im Laufe einer Inkohlung gleichen sich deshalb die
Reflexionswerte der Liptinite denen der Vitrinite immer mehr an und haben zu Beginn des Fettkohlestadiums (1,2% $\bar{R}m$) die Werte der Vitrinite
erreicht. Zugleich erlischt das Fluoreszenzvermögen der Liptinite bei
Blaulichtanregung. Inertinite haben von vornherein die höchsten Reflexionswerte von allen Maceralgruppen. Die Vitrinite haben im Meta-Anthra-
zit-Stadium (3,5% $\bar{R}$ max) die inertitischen Werte erreicht.

Vitrinite zeigen also über den gesamten Inkohlungsbereich das optisch
einheitlichste Verhalten. Deshalb werden zu Inkohlungsgradbestimmungen
die Reflexionsmessungen an Vitriniten durchgeführt. Das mittlere Reflexionsvermögen ($\bar{R}m$ in %) des monochromatischen grünen Lichtes (546 nm)
von Vitriniten im Anschliff liegt zwischen 0,35% für Weichbraunkohle
und etwa 10% für Semigraphit. Ab dem Magerkohlestadium (1,2% $\bar{R}m$) stellt
sich bei Vitriniten Anisotropie ein, so daß dann die maximale mittlere
Reflexion ($\bar{R}$ max%) in linear polarisiertem Licht gemessen wird.

D.5.4. Chemischer Aufbau

Kohlen sind komplexe heterogene Vielstoffgemische, die neben der petrographisch identifizierbaren organischen Substanz (Macerale) noch Bitumen, anorganische Bestandteile (Tone, Pyrit, Quarz, Karbonate) und Wasser enthalten.

Prinzipiell haben die Kohlen aromatischen Charakter, der mit der Inkohlung auch noch zunimmt, wobei der Kohlenstoff hauptsächlich in Form von kondensierten Aromaten vorliegt. In niedrig inkohlten Kohlen sind diese kondensierten Aromaten isoliert und mit aliphatischen Ketten und alicyclischen Ringstrukturen, sowie mit phenolischen Hydroxylgruppen hochsubstituiert. Der größte Teil des Sauerstoffes liegt in Steinkohlen in Form von phenolischen OH-Gruppen vor, während der Wasserstoff in Methylgruppen und aliphatischen und naphthenoaromatischen Strukturen festgelegt ist. In Braunkohlen ist auch ein großer Teil des Sauerstoffes als Carboxyl- und Ethergruppe vorhanden, die wiederum größtenteils in den Huminsäuren gebunden sind.

Während des Braunkohlestadiums sind die Huminsäuren noch mobil und können in den Zellverbänden unter Gelbildung oder unter Zusammenschluß zu neuen Aggregaten ("Hydrosole") ausfallen. Man nimmt an, daß sowohl die gelifizierten Zellreste als auch die Hydrosole Ausgangsprodukte der wichtigen Maceralgruppe der Huminite sind, die nach dem ersten Inkohlungssprung in der Steinkohle zu petrographischen Vitriniten werden. Aus Steinkohlen lassen sich deshalb auch keine Huminsäuren mehr extrahieren. Nach dem ersten Inkohlungssprung sind die Carboxyl- und Ethergruppen weitgehend abgebaut. Mit zunehmender Inkohlung vergrößern sich die Aromatkomplexe durch Ringverknüpfungen, die dadurch möglich werden, daß Heteroatome und aliphatische Strukturen entfernt werden. Bei Fettkohlen ist etwa 40% des Gesamtkohlenstoffes in Aromatkomplexen festgelegt. Der zunehmende Kohlenstoffgehalt und die abnehmenden Anteile an flüchtigen Bestandteilen stehen also in einem direkten Zusammenhang mit der Erhöhung der Aromatizität der Kohlen innerhalb der Inkohlungsreihe. Unter dem petrostatischen Druck ordnen sich die Aromatkomplexe zu Lamellen und verleihen hochinkohlten Kohlen ihr glanzartiges Aussehen und sind für anisotropes Verhalten verantwortlich.

Es fehlt nicht an Versuchen, generalisierende Strukturen und mittlere Molekulargewichte für Kohlen anzugeben, diese können allerdings zu Mißinterpretationen führen. Bislang wird die Tatsache als gesichert angesehen, daß

Kohlen ein heterogenes, quervernetzt strukturiertes Netzwerk mit primär
aromatischem Charakter darstellen.

D.5.5. Bitumen

Das Bitumen der Kohlen stellt das mit organischen Lösungsmitteln extrahierbare organische Material dar. Es besteht - analog wie in Sedimenten -
aus einem variablen Anteil, der aus dem rezenten Bereich ererbt worden
ist und einem durch die ablaufenden Inkohlungsprozesse neu gebildeten
Anteil.

In der Inkohlungsreihe vom Torf bis zum Anthrazit weist das durch eine
nicht destruktive Extraktion gewinnbare Bitumen sowohl in seinem menge-
mäßigen Anteil als auch in seiner relativen Zusammensetzung charakteristische Unterschiede auf. Diese hängen vom Inkohlungsgrad der Kohlen
und von ihrer petrographischen Ausbildung ab. Bei gleichem Inkohlungsgrad haben liptinitreiche Kohlen mehr extrahierbares Bitumen. Die Molekulargewichte umfassen den Bereich bis zu 2000 Dalton.

Das Reflexionvermögen des Vitrinits ist weitgehend mit dem Inkohlungsgrad der Kohlen korrelierbar. In Abb. 22 ist die Vitrinitreflexion
(% $\bar{R}m$) als Inkohlungsparameter dem Anteil des Bitumens und der Kohlenwasserstoffe in Milligramm, bezogen auf den organischen Kohlenstoff
(mg/g Corg), gegenübergestellt. Es sind dabei die Mittelwerte aus verschiedenen Kohlen gleichen Ranges zusammengefaßt worden. In Einzelpro-
ben können diese Werte (mg/g Corg) für das Bitumen zwischen maximal 190
bei Braunkohlen und weniger als 1 bei Magerkohlen und Anthraziten (MK +
A) variieren. Mit zunehmender Inkohlung ist eine generelle Abnahme, allerdings diskontinuierlich, des extrahierbaren Bitumen zu erkennen.
Die Gehalte der Gesamtkohlenwasserstoffe (Alkane und Aromaten) verlaufen weitgehend parallel zu dem Bitumen.

Nach einem kleinen Minimum bei der Glanzbraunkohle (Glbk.) folgt eine
erneute Zunahme bei den Flamm- und Gaskohlen (Flk. u. Gk.). Im Bereich
der Vitrinitreflexionen zwischen 0,5 und 1,2% $\bar{R}m$ werden Bitumen und Kohlenwasserstoffe neu gebildet. Hier ist die Analogie zur Erdölbildung vorhanden, die ebenfalls nur in diesem Inkohlungsbereich auftritt, ("Erdölfenster").

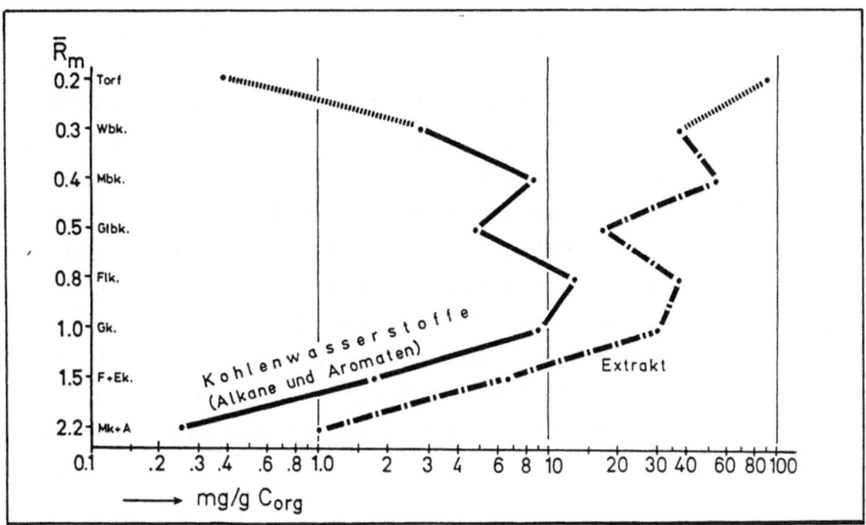

Abb. 22. Mittlere Extrakt- und Kohlenwasserstoffgehalte, bezogen auf den organischen Kohlenstoff, in Abhängigkeit vom Inkohlungsgrad der Kohlen. (Die Kurzbezeichungen der Kohlen sind aus Tabelle 19 zu entnehmen)

Die Zusammensetzung des Bitumens im Hinblick auf die Stoffgruppen der Alkane, Aromaten und N,S,O-Verbindungen (Heterokomponenten) verändert sich im Laufe der Inkohlung (Abb. 23).

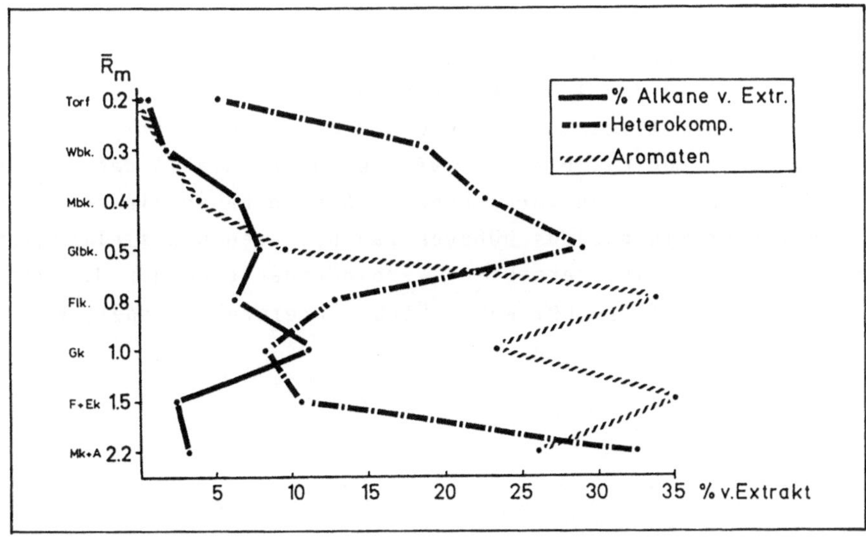

Abb. 23. Die relative Stoffgruppenzusammensetzung des Bitumen bei unterschiedlichen Inkohlungsgraden. (Die Kurzbezeichnungen der Kohlen sind aus Tabelle 19 zu entnehmen)

An einer Neubildung der Kohlenwasserstoffe, die sich offensichtlich ab
der Mattbraunkohle (Mbk.) bis zur Gaskohle (Gk.) vollzieht, sind die gesättigten Kohlenwasserstoffe (Alkane) und Aromaten nicht in gleichem Masse beteiligt. Die aromatische Grundstruktur der Kohle erlaubt neben einer relativen Anreicherung an Alkanen und (soweit vorhanden) Alkenen eine weitaus größere Zunahme an aromatischen Kohlenwasserstoffen, so daß
in den Steinkohlen die extrahierbaren Aromaten dominieren und die Paraffine zurücktreten. Die Fraktion der Heterokomponenten durchläuft ein Minimum bei der Gaskohle und steigt davor und danach wieder an. Man kann
deshalb annehmen, daß zumindest bei den Braunkohlen vorzugsweise eine
Neubildung von N,S,O-Verbindungen auftritt, die sich ab dem Steinkohle-
stadium durch Verlust funktioneller Gruppen in entsprechende Kohlenwasserstoffe umwandeln.

D.5.6. Kohlenwasserstoffe

An der Verteilung und dem Strukturwandel der Kohlenwasserstoffe lassen
sich die während des Inkohlungsverlaufes auftretenden chemischen Veränderungen ablesen. Während die kettenförmigen Kohlenwasserstoffe nur in
der Lage sind, sich zu isomerisieren und durch Spaltung zu verkleinern,
haben die cyclischen Kohlenwasserstoffe auch noch zusätzlich die Möglichkeit einer Aromatisierung.

n-Alkane und Pristan/Phytan:

Die n-Alkan-Verteilungsmuster einiger repräsentativer Kohleproben sind auf
der linken Seite in der Abb. 24 dargestellt. Vom Torf bis zur Glanzbraunkohle treten mit starker Bevorzugung die längerkettigen ungeradzahligen n-Alkane von C_{23} bis C_{33} auf. Besonders die in den Torfen,
Weich- und Mattbraunkohlen vorhandenen n-Alkane haben ein sehr ähnliches
Verteilungsmuster wie das aus höheren Landpflanzen und stellen somit die
aus dem rezenten Bereich "ererbten" Verbindungen biogener Herkunft dar.
Dementsprechend liegt der CPI-Wert (Carbon Preference Index) weit über
1 (Abb. 24, rechte Seite).

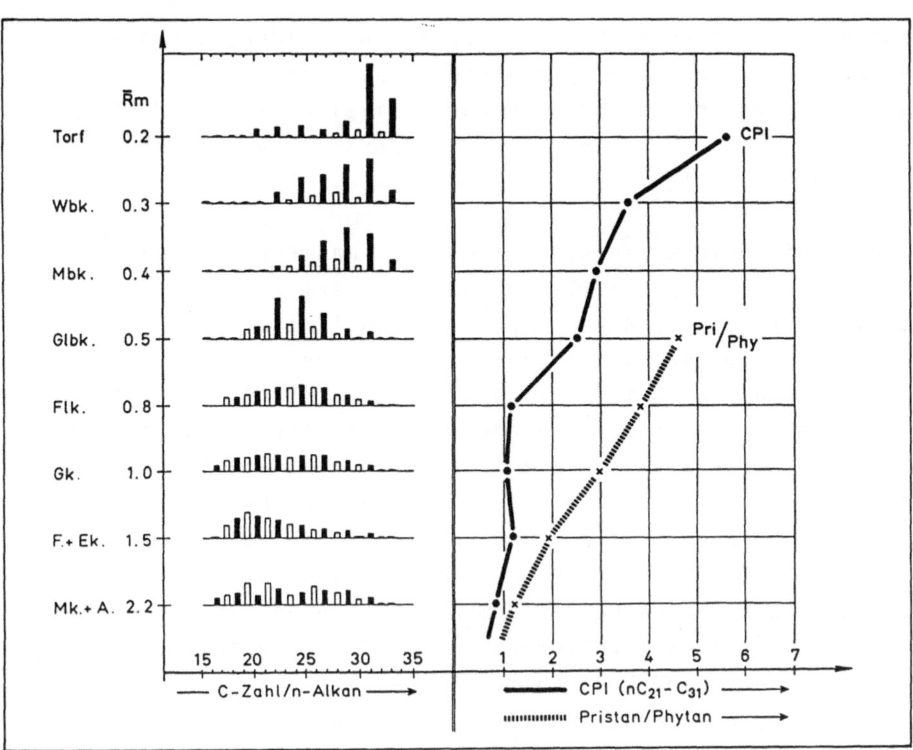

Abb. 24. Verteilungsmuster der n-Alkane, CPI-Quotient und Pristan/
Phytan-Verhältnis in Abhängigkeit vom Rang der Kohlen.
(Die Kurzbezeichnung der Kohlen ist aus Tabelle 19 zu
entnehmen)

Die Steinkohlen zeichnen sich durch ein ausgeglichenes Vorkommen der
n-Alkane aus. Die n-Alkane der Flamm- und Gaskohlen (Flk.-Gk.) zeigen
eine breite Verteilung ohne ausgeprägtes Maximum, die aber doch eine
Zunahme der kürzerkettigen Homologe von C_{15} bis C_{21} erkennen läßt. Der
CPI-Wert ist somit auf 1 gesunken. Ab dem Fettkohlestadium (F.+Ek.) verschiebt sich das Maximum der n-Alkanverteilung deutlich zu den kürzerkettigen Molekülen von C_{15} bis C_{21} (Abb. 24).

Die bisherigen Ergebnisse lassen den Schluß zu, daß im Bereich der hochflüchtigen Steinkohlen (0,7 - 1,1% $\bar{R}m$ Vitrinitreflexion) eine Neubildung von n-Alkanen unter Verlust der ungeradzahligen Kohlenstoffbevor-
zugung stattfindet, da der CPI-Wert auf 1 sinkt. Mit zunehmendem Rang
der Kohlen wird die n-Alkan-Bildungsreaktion langsam zu einer n-Alkan-
Crackreaktion unter Fragmentierung zu kürzerkettigen Homologen verlagert. In der Fettkohle (Fk.+Ek.) sind nur noch geringe Anteile an län-

gerkettigen n-Alkanen enthalten. Für die Neubildung der n-Alkane kommen in erster Linie die aliphatischen Substanzen in den Liptiniten in Betracht, die zu großen Anteilen aus Cutikulenresten und Pflanzenwachsen bestehen. Deshalb haben z.B. auch Sporinite erheblich größere Mengen an n-Alkanen als Vitrinite.

Die Isoprenoidkohlenwasserstoffe Pristan und Phytan sind in nennenswerten Mengen erst ab der Glanzbraunkohle vertreten, so daß man annehmen muß, daß sie während der Inkohlung gebildet werden. Im Bereich von 0,65 bis 0,80% $\bar{R}m$ der Vitrinitreflexion treten die größten Konzentrationen an Pristan und Phytan auf. Dabei wird Pristan in den niedriginkohlten Steinkohlen in erheblich größeren Mengen als Phytan gebildet. Das Pristan/Phytan-Verhältnis sinkt dagegen in den hochinkohlten Kohlen stark ab (Abb. 24, rechte Seite). Setzt man eine gleiche thermische Stabilität der beiden Isoprenoide voraus, müssen beide - obwohl sie den gleichen rezenten Vorläufer Phytol haben - auf unterschiedliche Weise gebildet worden sein. Die starke Pristandominanz bei niedrigrangigen Kohlen liesse sich auf eine Decarboxylierung der im frühen Diagenesestadium gebildeten Phytansäure zurückführen. Die in einem höheren Inkohlungsstadium einsetzende Phytanbildung könnte von einer Abspaltung aus einem größeren Molekülverband herrühren, der ehemals rezentes Phyten oder Phytadien inkorporiert hatte. Sporenreiche dunkle und matte Kohlepartien (Durain) haben ein höheres Pristan/Phytan-Verhältnis als glänzende Bereiche (Vitrain). Die Ursache dafür dürfte in der Entstehung des Durains aus den mehr nassen und damit sauerstoffreicheren Sumpfpartien unter bevorzugter diagenetischer Bildung von Phytansäure aus Phytol liegen (Kap. C.2.1.3.). Sowohl der Typ des organischen Materials als auch das frühdiagenetische Ablagerungsmilieu haben einen Einfluß auf die Produktion von Pristan und Phytan.

Terpenoide Kohlenwasserstoffe:

Der Ablauf geochemischer Prozesse läßt sich gut an Verbindungen erkennen, die aufgrund ihrer biogenen Herkunft eine unverwechselbare Molekülstruktur besitzen und sich somit in charakteristischer Weise verändern können. Dies läßt sich besonders gut an den terpenoiden Kohlenwasserstoffen aus Kohlen unterschiedlicher Inkohlung nachvollziehen.

Das Vorkommen von Monoterpenen und Sesquiterpenen ist aufgrund ihrer Flüchtigkeit und chemischen Instabilität auf die sehr jungen Ablagerungen beschränkt. Die aromatisierten Monoterpene und vor allem Sesquiterpene in Form von Cadalen (1,6-Dimethyl-4-isopropylnaphthalin) und anderen

Alkylnaphthalinen sind dagegen in Kohlen vorhanden. Neben dem ubiquitär vorkommenden Diterpan Phytan sind die tricyclischen Diterpane in Pflanzenharzen weit verbreitet (Abb. 25). In der Zusammenfassung der Tabelle 20 sind neben den dort aufgeführten Verbindungen vom Pimaran- und Abietantyp noch tetracyclische Diterpane vom Phyllocladan- und Kaurantyp aufgeführt, die besonders in Kauriharzen und Phyllocladussträuchern vorkommen. Phyllocladan und Kauran unterscheiden sich durch eine in ihrem sterischen Aufbau andere Verknüpfungsweise ihrer Ringe (Abb. 25).

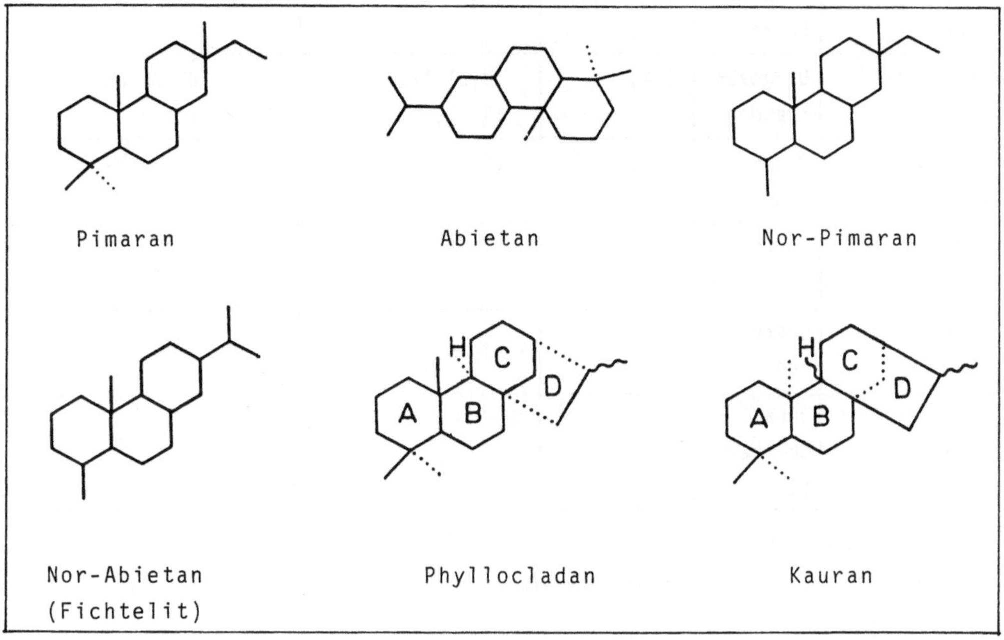

Abb. 25. Tri- und tetracyclische Diterpane in Braunkohlen

Tabelle 20. Vorkommen von terpenoiden Kohlenwasserstoffen in Kohlen
unterschiedlichen Inkohlungsgrades

Rang der Kohlen	Alter	Diterpane	Sterene/Sterane	Triterpene/Triterpane
Weichbraun-kohlen	Pliozän Miozän	3,4,5,6, 7,8,	13	21,23,25,26,27
Mattbraun-kohlen	Miozän Eozän	3,4,5,6, 7,8,	13	22,23,25,26,27,
Glanzbraun-kohlen	Oligozän Kreide	1,2,	10,11,12,13, 14,15,	20,21,22,23,24, 25,26,27,28,
Flamm- u. Gas-flammkohlen	Oberkar-bon	1,2,	10,11,12,	20,21,22,23,24,
Gaskohlen	Oberkar-bon	1,2,	(10,11,12)	20,21,22,23,24,
Fett- u. Ess-kohlen	Oberkar-bon	1,2,		
Magerkohlen u. anthrazit	Jura, Oberkar-bon	1,2,		

Diterpane:	Sterene/Sterane:	Triterpene/Triterpane
1 = Phytan	10 = Cholestan	20 = Trisnorhopan
2 = Pristan	11 = Campestan	21 = Norhopan
3 = Pimaran	12 = Sitostan	22 = Hopan
4 = Abietan	13 = Sitostene, Diasterene	23 = Homohopan
5 = Phyllocladan	14 = Sitostadiene	24 = C_{32}-C_{35}-Hopane
6 = Kauran	15 = Ergostadien, -trien	25 = Ursen
7 = Norpimaran		26 = Oleanen
8 = Norabietan		27 = Taraxeren
(Fichtelit		28 = Triterpadiene

Ein ungesättigtes dicyclisches Diterpen stellt das in Weichbraunkohlen
vorkommende Sclaren dar:

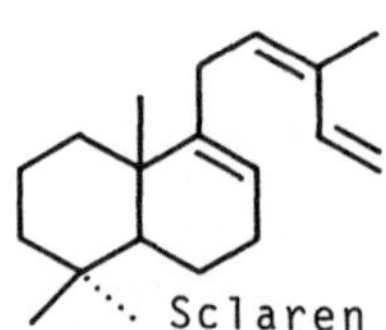

Weitere ungesättigte Verbindungen vom Triterpan und Sterantyp findet man
in Weich- und Mattbraunkohlen (Abb. 26), z.B. in Form von Oleanen-12(13),
Ursen-12(13), Taraxeren-14(15), Sitosten-2 und Diasitosten-13(17), wobei
zusätzlich noch an anderen Stellen der Kohlenstoffgerüste ein oder mehrere Doppelbindungen auftreten können (Abb. 26).

Ursen-12(13)

Oleanen-12(13)

Taraxeren-14(15)

Diasitosten,13(17)

Abb. 26. Strukturtypen der ungesättigten Triterpene in Braunkohlen.

Die endocyclische 12(13)-Doppelbindung dieser Triterpene ist sehr reaktionsträge, da sie aufgrund der sterischen Hinderung mit Wasserstoff
kaum abgesättigt werden kann.Deshalb ist sie eher Ausgangspunkt für
Aromatisierungen am Ringsystem, da die gesättigten Vertreter in Steinkohlen nicht mehr auftreten. Ebenso sind die cyclischen Diterpane in
Steinkohlen weitgehend verschwunden.

Hopane sind in den Braunkohlen oft in Form der C_{31}Homohopane mit
der Dominanz des 17β(H)-Isomeren vetreten. In Glanzbraunkohlen findet
man neben dem verstärkten Auftreten von ungesättigten Steranen und Triterpanen schon vollzählig die gesättigten Vertreter der C_{27}- bis C_{29}-Ste-
ran- und C_{27}- bis C_{35}-Hopanreihe, wie sie auch in hochflüchtigen Steinkohlen und Erdölen auftreten. Ebenso wie in den meisten Ölen fehlt allgemein das C_{28}-Hopan. Die Glanzbraunkohle stellt auch in geochemischer
Hinsicht eine erste Umwandlungsstufe zur Steinkohle hin dar. Die

17βH-Hopanserie überwiegt nur in Kohlen niedrigen Ranges und ab 0.85%
Vitrinitreflexion sind sie zugunsten der 17αH-Serie verschwunden. Ebenso sind ab den C_{31}-Hopanen die 22R- und S-Konfigurationen in gleich-
mäßigen Konzentrationen vorhanden.

Die Gehalte an Steranen und Triterpanen nehmen ab mit zunehmender Inkohlung und sind nach dem zweiten Inkohlungssprung in der Fettkohle
weitgehend aromatisiert. Die acyclischen Isoprenoide lassen sich auch
noch im Anthrazit nachweisen. Somit ergeben sich mit unterschiedlicher
Inkohlung charakteristische Veränderungen in dem Vorkommen und Gehalt an
den terpenoiden Chemofossilien (Abb. 27), wobei zwei geochemische Neubil-
dungsphasen erkennbar sind. Die erste Phase bezieht sich auf das ver-
stärkte Auftreten von gesättigten cyclischen Diterpanen und ungesättigten Triterpanen in Mattbraunkohlen. In der zweiten Phase ist eine Neubildung von n-Alkanen, Pristan und Phytan, Steranen und Triterpanen im
Bereich der Glanzbraunkohlen bis zu den Gaskohlen zu verzeichnen. Inkohlungsgradmäßig fällt dies mit dem "Erdölfenster", der Hauptbildungs-
phase des Erdöls, zusammen (0.5% - 1.2% R̄m Vitrinitreflexion). Nach einer
Freisetzung als Kohlenwasserstoffe erfolgt eine Aromatisierung der cyclischen Steran- und Triterpangerüste.

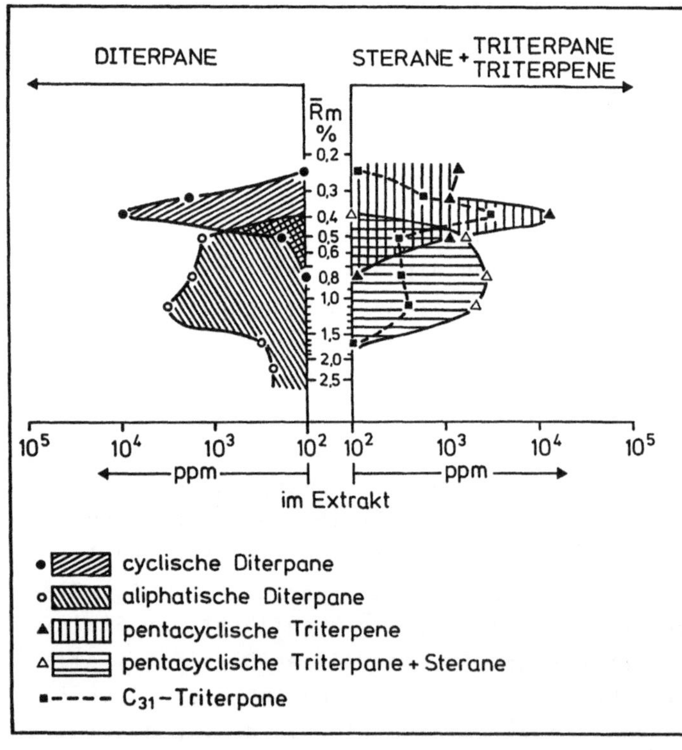

Abb. 27.

Anteil der terpenoiden
Verbindungen in Kohlen
unterschiedlichen Ran-
ges, gemessen in % R̄m
der Vitrinitreflexion

<u>Aromaten</u>:

Aus den Abb. 22 und 23 ist mit dem Rang der Kohlen eine weitaus stärkere Zunahme der aromatischen Kohlenwasserstoffe als der Paraffine ersichtlich. Analytische Auftrennungen der Aromatenfraktion ergeben, daß diese strukturell extrem komplex zusammengesetzt ist. Erst in den niedrigflüchtigen Steinkohlen erfahren die Aromatkörper eine strukturelle Vereinfachung.

Braunkohlen enthalten neben alkylierten Naphthalinen und Phenanthrenen in erster Linie Naphthenoaroamten mit 3-, 4- und 5-Ringsystemen, die aufgrund ihres strukturellen Aufbaus ihre biogene Herkunft nicht verleugnen können(Abb. 28.).

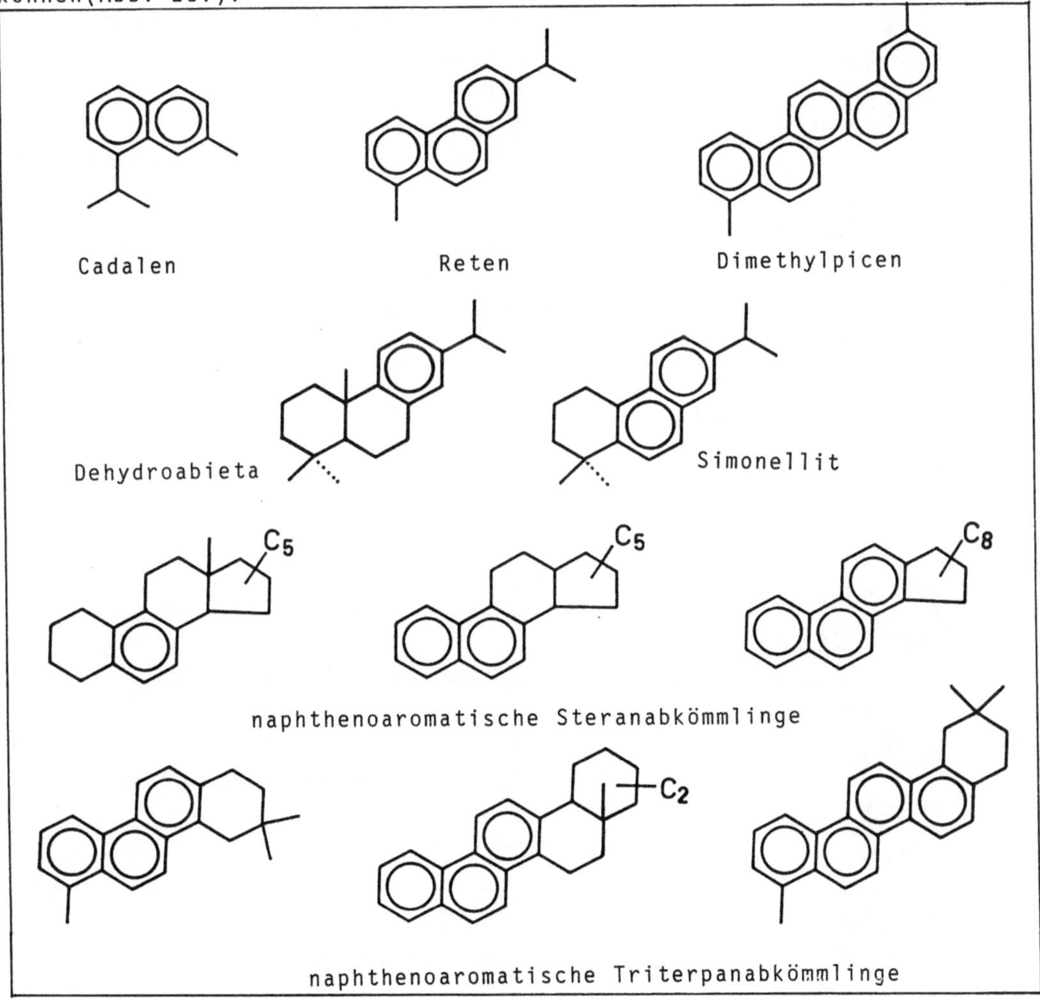

Abb. 28. Aromatische Kohlenwasserstoffe biogener Herkunft in Braunkohlen

In den hochflüchtigen Steinkohlen von der Flamm- bis hin zur Gaskohle
treten die polycyclischen aromatischen Kohlenwasserstoffe (PAK) in gros-
ser Vielfalt hervor. Sie sind an verschiedenen Stellen des Ringsystems
mehr oder weniger, meistens in Form von Methylgruppen alkyliert. Eine
gewisse Systematisierung ist nach ihrem Ringsystem möglich (Tab. 21).

Tabelle 21. Verschiedene Typen der polycyclischen aromatischen Kohlenwasserstoffe (PAK) in hochflüchtigen Steinkohlen

GERÜSTTYPEN	VERBINDUNGEN
	C_4- bis C_{29}-Alkylbenzole
	1-Methyl-, 2-Methyl-naphthaline 2,6-Dimethyl-, 2,7-Dimethyl-, 1,6-Dimethyl-naphthaline Tetramethylnaphthaline
	1-, 2-, 3-, 9-Methyl-phenanthrene 3,6-, 2,7-, 1,6-, 1,7-Dimethyl-phenanthrene Trimethylphenanthrene
	Methyl-, Dimethyl-, Trimethylfluorene
	Acenaphthen, Methylacenaphthene
	Fluoranthen, Methylfluoranthene
	Pyren, Methylpyrene

Ferner sind noch einige Naphthenoaromaten vertreten. Die größte Fraktion stellen die aromatischen Dreiringsysteme dar, an denen sich auch die Inkohlungsgradunterschiede am deutlichsten ablesen lassen.

Von den hochinkohlten Fettkohlen bis zu den Anthraziten nimmt der Alkylierungsgrad der PAK's ab. Ferner treten in den Anthraziten die stärker kondensierten Aromatsysteme auf, wie sie auch in dem organischen Material vorkommen, das pyrolytischen Prozessen ausgesetzt war (Abb. 30).

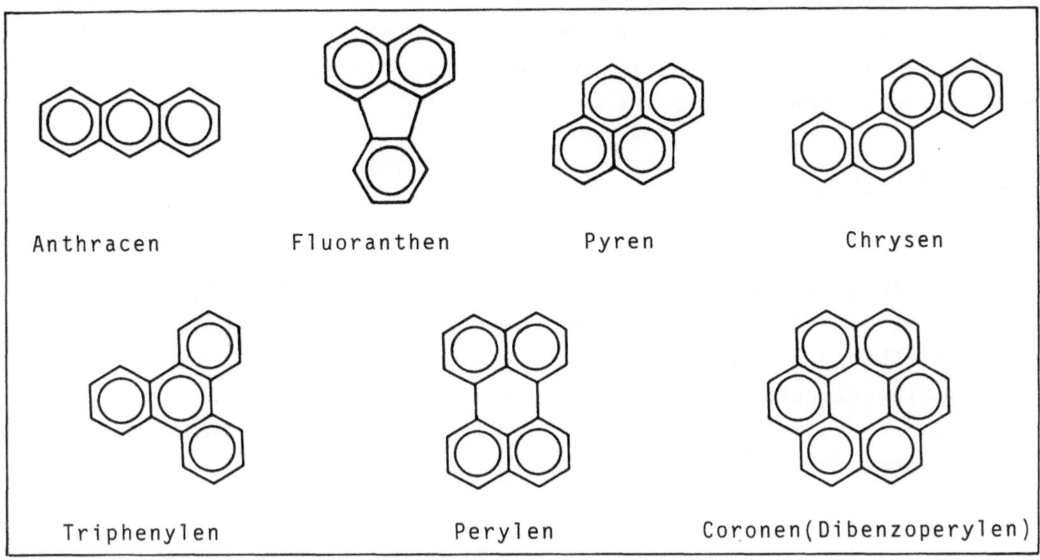

Abb. 30. Polycyclische Aromaten (PAK) in hochinkohlten Kohlen

Außerdem sind die mit einem ankondensierten Benzolring entsprechenden Benzo- bzw. Dibenzohomologe der Anthracene, Pyrene u.s.w. vorhanden.

Die Heteroaromaten sind ebenfalls in Form ihrer benzylierten Thiophene, Furane und Pyridine vertreten, die außerdem in den niedriginkohlten Steinkohlen meist mehrfach methyliert sind:

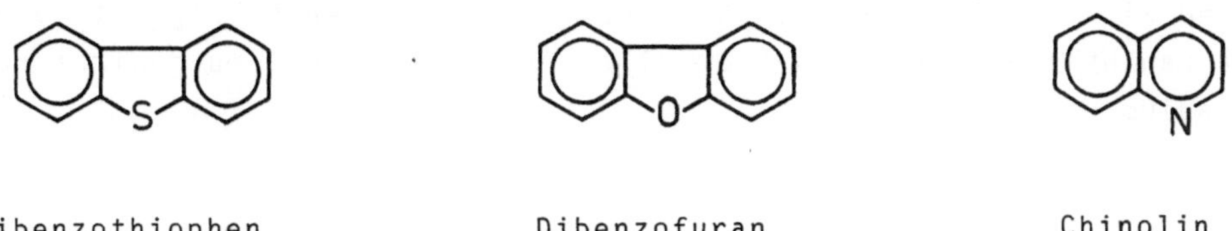

In den Steinkohlen liegen die Heteroatome N,S,O - im Gegensatz zu den Braunkohlen - in ihrer stabilen cyclischen Form in den Heteroaromaten vor. Der Diageneseweg von einigen der polycyclischen aromatischen Koh-

lenwasserstoffe (PAK) beginnt wahrscheinlich bei einer Aromatisierung
von gesättigten Polycyclen. So haben die methylierten Picene, Naphtheno-
chrysene und Naphthenophenanthrene der Braunkohlen sicher in den cyclischen Diterpenen, Sterolen und Triterpenen ihre nicht aromatischen Vorläufer. Dabei ist eine stufenweise Aromatisierung im Ringsystem zu erkennen. Aber der größte Anteil der PAK's in Kohlen mit höherem Rang wird
sicherlich durch teilweises Aufbrechen der polymer vernetzten Kohlen-
matrix im Laufe der Inkohlung entstehen, wobei zuerst eine fortschreiten-
de Desalkylierung und danach eine Kondensation der aromatischen Ringe
zu größeren Aromatenkomplexen zu verzeichnen ist, so daß schließlich
nur noch die thermodynamisch stabilsten polycyclischen Aromaten und Heteroaromaten beständig sind.

D.5.7. Heteroverbindungen

In den Braunkohlen und Torfen treten grundsätzlich die gleichen Verbindungen biogenen Ursprungs auf, die auch in rezenten Pflanzen und Böden
zu finden sind, sofern sie eine gewisse chemische Stabilität aufweisen.
Deshalb bleiben die Lipidstoffe auch besser erhalten. Sie unterliegen
gleichen Diageneseprozessen, wie dies bei den rezenten Sedimenten aus-
geführt worden ist. Nur in Braunkohlen und Torfen findet man folgende
Verbindungsgruppen:
Alkohole:

$\quad$ n-C_{12} bis n-C_{32} mit einer Bevorzugung geradzahliger C-Ketten.

Carbonsäuren:

$\quad$ n-C_{14} bis n-C_{28} mit einer Bevorzugung der geradzahligen C-Kette
$\quad$ C_{24}, C_{26}, C_{28} -ω-Hydroxycarbonsäuren

$\quad$ C_{16} - Dihydroxycarbonsäuren

$\quad$ C_{18} - Trihydroxy- und Dihydroxy-dicarbonsäuren.

Hydroxycarbonsäuren kommen in Pflanzenwachsen vor. Polyhydroxycarbonsäu-
ren sind als die Hydrolyseprodukte der Cutine anzusehen. Ungesättigte
Fettsäuren überleben durch bakteriellen Abbau und Hydrierung nicht das
Torfstadium.

Terpene:

Die harzreichen Partien enthalten große Anteile an Diterpenolen und Diterpensäuren, z.B. Abietadienol und Pimaradiensäure, wobei besonders die
Abietinsäure stark vertreten ist. Sie kann leicht zu Dehydroabietinsäure

aromatisiert oder zu Reten decarboxyliert werden. Desalkylierungen ergeben Nor-Säuren, z.B. Trisnor-dehydroabietinsäure und Ketosäuren, von denen
die 7-Keto-dehydroabietinsäure erwähnt sei.

Trisnor-dehydroabietinsäure   7-Keto-dehydroabietinsäure

Hydrogenierte Säuren als reduzierte Abietinsäuren fehlen ebenfalls nicht.
Unter einer Vielzahl anderer tricyclischer Diterpene sind auch noch die
Agathendicarbonsäure und Ferruginol in fossilen Harzkörpern bzw. Braun-
kohlen auffindbar.

Agathen-dicarbonsäure   Ferruginol

Neben den C_{27}- bis C_{29}-Sterolen sind die pentacyclischen Triterpenole,
Triterpenone und Triterpensäuren aufgrund der pflanzlichen Herkunft be-
sonders stark in Braunkohlen und Torfen vertreten, von denen nur ein
Teil beispielhaft aufgezählt werden kann, wie Friedelin und Friedelanol,
Betulin, Oxy- und Oxoallobetulin, Ursolsäure, Fernen, α- und β-Amyrin.

In den <u>Steinkohlen</u> sind die biogen gebildeten und mit funktionellen
Gruppen ausgestatteten Pflanzenstoffe und ihre weitaus meisten Diageneseprodukte, die keine Umwandlung in stabile Formen der Heterocyclen erfahren haben, nicht mehr vorhanden. Dagegen treten alkylierte Phenole
und Porphyrine auf.

<u>Porphyrine:</u>

Obwohl die höheren Pflanzen etwa ca. 0,7 - 1,3% Chlorophyll in ihrer
Trockenmasse enthalten, ist in Kohlen erstaunlich wenig davon enthal-
ten (~0,1bis 4ppm). In Humuskohlen vom Braunkohle- bis zu dem Gaskohle-
Stadium findet man fast ausschließlich die Porphyrine vom Typ des Etio-

porphyrins-III (ETIO). Die sapropelitischen Boghead- und Kännelkohlen
enthalten dagegen die Porphyrine vom Typ des Deoxophylloerythroetio-
porphyrins (DPEP), wie sie im Bitumen der marinen Sedimente und in Erdölen
auftreten (Kap. D.2.5.). Ab dem Fettkohlestadium sind in Kohlen keine
Porphyrine mehr nachweisbar. Der Bildung der ETIO-Porphyrine in Humuskohlen geht wahrscheinlich eine frühdiagenetische oxidative Öffnung
ihres isocyclischen Ringes schon im Phorbidstadium voraus, die dann
Purpurine und Chlorine ergibt (Kap. C.2.2.). Diese werden dann im weiteren Diageneseverlauf decarboxyliert und aromatisiert. Die Entstehung
der ETIO-Typen in Erdölen und Bitumina ist dagegen eher auf eine thermokatalytische Spaltung des isocyclischen Ringes an den DPEP-Porphyri-
nen zurückzuführen.

Untersuchungen an Torfen haben ergeben, daß die rezenten Vorläufer der
Kohlenporphyrine von den Pheophitina und Bakteriopheophitina herkommen.
Die ETIO-Typen der Glanzbraun- und Flammkohlen haben vorzugsweise 32,
30 und 28 Kohlenstoffatome. Dies läßt auf eine Entethylierung am Tetra-
pyrrolgerüst schließen. Ebenso nimmt auch die Molekülgröße mit zunehmender Inkohlung ab. Die Porphyrine liegen normalerweise in metallfrei-
er Form vor, aber in einigen Kohlen sind mit Gallium chelatisierte ETIO-
Porphyrine gefunden worden.

D.6. Geochemische Inkohlungsparameter

Das Vorkommen der verschiedenen charakteristischen Verbindungen in
einer Inkohlungsreihe vom Torf bis zum Anthrazit gestattet Rückschlüs-
se auf die chemischen Vorgänge, die sich während einer Inkohlung des
sedimentären organischen Materials abspielen (Abb. 31). Hierfür sind
besonders die terpenoiden Chemofossilien geeignet. Die geochemische
Neubildungsphase von gesättigten Verbindungen im Bereich der Glanzbraunkohle ist durch das gleichzeitige Verschwinden der cyclischen Diterpane
und der ungesättigten Sterane und Triterpane gekennzeichnet (Abb. 27).
Dabei treten Defunktionalisierungen durch Abspaltung von funktionellen
Gruppen in Form von Wasser und Kohlendioxid auf, wobei sowohl Dehydrie-
rungs- als auch Hydrierungsprozesse ablaufen. Dies läßt sich auch an
einer rapiden Abnahme des Sauerstoff/Kohlenstoff-Verhältnisses im H/C-
O/C-Diagramm (Abb. 15) verfolgen. Im Bereich der Steinkohlen setzen
verstärkt Aromatisierungsprozesse ein, so daß die Sterane und Triterpane, sowie die übrigen gesättigten cyclischen Kohlenwasserstoffe
(Naphthene) nach dem 2. Inkohlungssprung im Fettkohlestadium verschwunden sind.

RANG	CHEMOFOSSILIEN						CHEMISCHE VERÄNDERUNGEN					
	Diterpane		Sterane		Triterpane							
	cyclische	kettenförmige	ungesättigte	gesättigte	ungesättigte	gesättigte	Dehydratisierung	Decarboxylierung	Dehydrierung	Hydrierung	Aromatisierung	
Torf / Weichbraunk. / Mattbraunk. / Glanzbraunk.												Diagenese
— ~ 0.5 % R̄m —												
Flammk. / Gasflammk. / Gaskohle												Katagenese
— ~ 1.2 % R̄m —												
Fettkohle / Esskohle / Magerkohle / Anthrazit												

Abb. 31. Auftreten der verschiedenen terpenoiden Verbindungen und der
damit verbundenen chemischen Reaktionen während des Inkohlungs-
verlaufs

Aromatisierungsprozesse und damit einhergehende Hydrierungen in Form
von Wasserstoffübertragungen scheinen bei den Inkohlungssprüngen von der
Braunkohle zu den hochflüchtigen Steinkohlen und zu den niedrigflüchtigen Kohlen eine Rolle zu spielen. Diese sich auf molekularer Ebene abspielenden Prozesse lassen sich anhand der charakteristischen Kohlenwasserstoffe ablesen, so daß diese als ergänzende geochemische Inkohlungsparameter neben die petrographischen und empirisch ermittelten Werte ge-
stellt werden können, wie dies in Abb. 32 geschehen ist.

Im Bereich der Braunkohlen sind diagenetische Prozesse vorherrschend,
bei denen auch noch ungesättigte olefinartige Verbindungen existent sind.
Dies ist an dem Vorkommen der ungesättigten Cycloalkane vom Terpen- und
Sterentyp erkennbar.

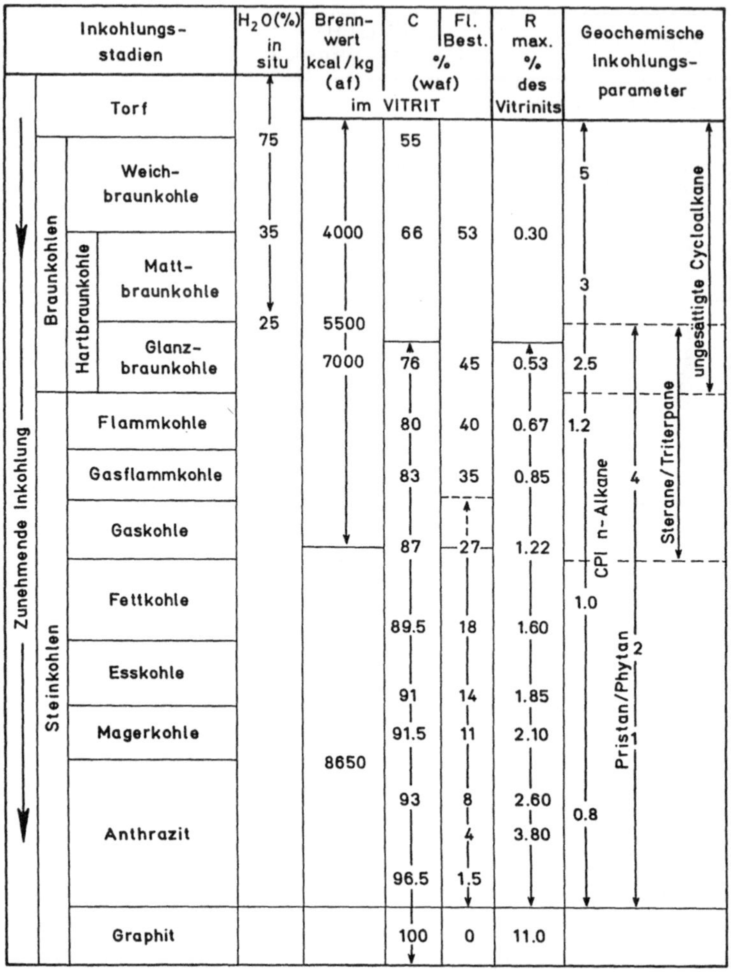

Inkohlungsstadien			H$_2$O(%) in situ	Brennwert kcal/kg (af)	C % (waf) im VITRIT	Fl. Best. %	R max. % des Vitrinits	Geochemische Inkohlungsparameter
Torf			75		55			
Braunkohlen	Weichbraunkohle		35	4000	66	53	0.30	
	Hartbraunkohle	Mattbraunkohle	25	5500				
		Glanzbraunkohle		7000	76	45	0.53	
Steinkohlen	Flammkohle				80	40	0.67	
	Gasflammkohle				83	35	0.85	
	Gaskohle				87	27	1.22	
	Fettkohle				89.5	18	1.60	
	Esskohle				91	14	1.85	
	Magerkohle			8650	91.5	11	2.10	
	Anthrazit				93	8	2.60	
						4	3.80	
					96.5	1.5		
Graphit					100	0	11.0	

Abb. 32. Organisch-geochemische Inkohlungsparameter im Vergleich zu den petrologischen Parametern zur Bestimmung des Inkohlungsgrades

Mit dem Beginn des ersten Inkohlungssprungs an der Grenze Braun-/Steinkohle sinkt der CPI-Wert der n-Alkane, wobei eine Bevorzugung der rezent ererbten ungeradzahligen n-Alkane verschwindet. Dies ist auf eine Neubildung von gesättigten kettenförmigen und cyclischen Kohlenwasserstoffen durch Hydrierungsprozesse zurückzuführen. Gleichzeitig kommen auch Aromatisierungen in Gang, weil aus den Cycloalkanen ableitbare Naphthenoaromaten verstärkt auftreten. Der Übergang von den hochflüchtigen zu den niedrigflüchtigen Steinkohlen ist geochemisch dadurch gekennzeichnet, daß letzteren die Naphthene fehlen. Außerdem sinken durch einsetzende Crackprozesse die CPI-Werte auf 1 mit Pristan/Phytan-Quotienten von 1 bis 2.

Die modellhaft verlaufenden chemischen Veränderungen an charakteristischen organischen Substanzen der Kohlen unterschiedlichen Ranges reflektieren somit den Inkohlungsverlauf des organischen Materials in der Geosphäre, das über viele Zwischenstufen generell von einer Strukturvielfalt zu einfachen Strukturen umgewandelt wird.

Teil E: Ausgewählte Anwendungsgebiete der organischen Geochemie

Die Organische Geochemie ist noch ein sehr junges Forschungsgebiet, die
ihren Aufschwung vor allem den neuen sehr leistungsfähigen apparativen
Analysenmöglichkeiten zu verdanken hat, die es erlauben, auch äußerst
komplex zusammengesetzte Stoffgemische aufzutrennen und deren Komponenten zu identifizieren. Hier seien nur einige wenige Arbeitsbereiche kurz
erläutert, die im Zusammenhang mit der organischen Geochemie stehen.

E.1. Umweltchemie

Die organische Geochemie versucht die Bildungsweisen und Zerstörung von
organischen Stoffen in der Lithosphäre über geologische Zeiträume hin-
weg zu verstehen. Für die Umweltchemie ist dagegen die Herkunft, Zusammensetzung und Schicksal vor allem derjenigen organischen Verbindungen
in der heutigen Umwelt interessant, die eine negative Einwirkung auf
lebende Organismen haben. Die organische Geochemie und die Umweltchemie
erfahren dort eine Verklammerung, wo der Gebrauch der fossilen Brennstoffe Kohle und Erdöl zu Umweltsbelastungen führen kann. Deshalb wird
im folgenden nur das Verhalten der langlebigen Kohlenwasserstoffe und
nicht die im geologischen Sinne kurzlebigen Wechselwirkungen der -auch
natürlich vorkommenden- vom Menschen neu produzierten organischen
Syntheseprodukte näher in Betracht gezogen.

Im aeroben Bereich sind alle organischen Verbindungen je nach ihrer Stabilität mehr oder weniger schnell abbaubar. Dies gilt auch -geochemisch
gesehen - für die künstlichen Synthetika, allerdings können diese - um-
weltchemisch gesehen - zu erheblichen Belastungen für die damit in Berührung
kommenden Organismen führen. Im anaeroben Milieu, das nur im sedimentären Bereich entstehen kann, verlangsamen sich einige Abbaureaktionen so
drastisch, daß Geoakkumulationen eintreten können. Dadurch besteht die
Möglichkeit zu einer Reaktivierung der abgelagerten Stoffe, und sie können somit wieder in den Umweltkreislauf gelangen. Die möglichen viel-

fältigen umweltschädigenden Einflüsse gehen heutzutage vom industriellen Gebrauch der fossilen Brennstoffe Kohle, Erdöl und Erdgas aus. Dies soll jedoch nicht darüber hinwegtäuschen, daß es auch eine natürliche Umweltverschmutzung mit fossilen organischen Stoffen gibt, die durch den natürlichen Kreislauf des Kohlenstoffes wieder in den rezenten Bereich gelangen.

E.1.1. Kohle, Erdöl, Erdgas

Rezente Sedimente führen normalerweise immer auch fossiles organisches Material mit sich. Es gelangt durch Erosion von bitumen- und kohlenhaltigen Sedimenten ständig an die Oberfläche und in den normalen Stoffkreislauf der Biosphäre. Im aeroben Milieu wird es je nach Beständigkeit mehr oder weniger schnell abgebaut. Das fossile organische Material stellt somit zusammen mit den rezent-biologisch gebildeten Stoffen eine natürliche Hintergrundsbelastung dar.

Kohle, Erdöl und Erdgas werden größtenteils zur Energiegewinnung benutzt. Das dabei gebildete CO_2 hat nur einen indirekten Einfluß auf die Geosphäre, wohl aber auf die Atmosphäre. Anders verhält es sich mit den hier nicht weiter zu erläuternden anorganischen Schwefelverbindungen. Kohlepartikel haben eine große Adsorptionskraft. Sie sind in der Lage, hydrophobe Stoffe zu behalten und aufzunehmen, so daß die daran adsorbierten Stoffe wahrscheinlich nicht frei verfügbar sind.

Im terrestrischen Bereich vollzieht sich der Abbau des fossilen organischen Materials in ähnlicher Weise wie der der rezenten Substanzen (Kap. C.1.). Im littoralen und marinen Bereich treten natürlich Ölausbisse auf, die aufgrund der geringeren Dichte des Erdöls, im Wasser in Form von Ölklumpen auftreten können. Die Schätzungen gehen dahin, daß jährlich in den Ozeanen etwa 0,6 (0,2 - 6,0) Millionen Tonnen Erdöl untermeerisch austreten. Die Natur ist also auch ein "Ölverschmutzer". Ebenso gehen die Schätzungen über die durch industrielle Aktivitäten in Meere gelangten Mengen Rohöl auseinander, aber es dürften etwa 2 Millionen Tonnen durch die Schiffahrt und Flüsse direkt in das Meer gelangen. Dagegen scheint der indirekte Eintrag an Erdölprodukten über die Atmosphäre als "fall out" aus unvollständiger Verbrennung sogar bei etwa 10 Millionen Tonnen zu liegen.

Ölteppiche werden je nach Windstärke und Wellenbewegungen in das darunterliegende Wasser dispergiert. Bei diesem Vorgang entweichen die leichten und leichtflüchtigen Komponenten unterhalb C_{14} schnell in die Atmo-

sphäre, das Öl wird dabei schwerer, ballt zu einem teerigen Rückstand
zusammen, der in kleinere Teerklumpen zerbricht und langsam auf den Mee-
resgrund absinkt. Dort werden sie in das Sediment eingebettet.

Größere Ölverschmutzungen besonders im Flachmeerbereich und seichten
Buchten sind deshalb sehr schädlich, weil eine schnelle Einbettung der
Ölreste in den anaeroben Sedimentbereich erfolgt und damit der Ölabbau
weitgehend gestoppt wird. Auf den Wasseroberflächen der offenen Ozeane
wurden bis zu $4mg/m^2$ gemessen. Es kommen dazu noch 0,1 - 10mg Teer, die
die polycyclischen aroamtischen Kohlenwasserstoffe enthalten. Messungen
haben ergeben, daß im Meereswasser etwa $4\mu g/l$ des krebserregenden 3,4-
Benzpyren enthalten sein können. Der chemische Abbau unter natürlichen
Bedingungen erfolgt an der Wasseroberfläche durch Oxidation unter Mit-
wirkung der ultravioletten Sonnenstrahlen. Der biologische Abbau durch
Bakterien und Hefen hängt von der Temperatur und der Verfügbarkeit von
Nährstoffen (Stickstoff und Phosphor) ab. Bei etwa 14° C können etwa 30g
$Öl/Jahr/m^3$, oder nur etwa 11g Öl bei 4° C abgebaut werden. Der aerobe
biologische Abbau erfolgt bei Molekülgrößen über C_{28} deutlich verlang-
samt.

Das Erdöl enthält wenig toxische Verbindungen, so daß es in Konzentrationen von 0,1ppm in Seewasser wenig Einfluß auf marine Organismen hat,
jedoch können bei Ölkonzentrationen von 0,1 bis 1,0ppm schon subletale
Effekte auftreten. Andererseits gibt es benthonische Organismen, die
sich Kohlenwasserstoffkonzentrationen von über 10.000ppm angepaßt haben.

Die sedimentären Kohlenwasserstoffe setzen sich aus dem rezenten und fossilen Anteil zusammen. Die Unterscheidung der fossilen Kohlenwasserstoffe aus natürlichen fossilen und mineralölbürtigen Quellen ist sehr schwierig, da reife bituminöse Sedimente ebenso wie Erdöle sehr ähnliche In-
haltsstoffe haben. In Tabelle 22 ist das Vorkommen der einzelnen Kohlenwasserstoffe im rezenten fossilen und petrogenen Material zusammengefaßt. Daraus wird deutlich, daß das Vorkommen der Kohlenwasserstoffe an
sich keine Umweltbelastung darstellen kann, nur die Menge und biologische
Abbaubarkeit muß kritisch betrachtet werden.

Tabelle 22. Vorkommen von rezenten, fossilen und mineralölbürtigen
Kohlenwasserstoffen

STRUKTURTYPEN	VORKOMMEN
n-Alkane mit geringer relativer Häufigkeit:	
C_{23} bis C_{33} n-Alkane; CPI $\gg$ 1	terrestrische Pflanzen
C_{15}, C_{17} n-Alkane; CPI $\gg$ 1	Algen
unaufgelöstes komplexes Gemisch	Biodegradation
n-Alkane in bimodaler oder unimodaler Verteilung:	
C_{10} bis C_{35} n-Alkane; CPI $\sim$ 1	Rohöl, Bitumen
7- und 8- Methylheptadecane	Blaugrün Algen
C_{10} bis C_{35} iso + anteiso-Alkane	Rohöl, Bitumen
C_{10} bis C_{35} alkylierte Alkane	Rohöl
C_{12} bis C_{33} unaufgelöstes komplexes Gemisch	Rohöl
unimodale Verteilung:	
C_4 bis C_{10} Alkane	Vergaserkraftstoffe
C_6 bis C_{10} Cycloalkane	Vergaserkraftstoffe
C_4 bis C_{10} Alkene	Vergaserkraftstoffe
C_{10} bis C_{26} Alkane mit Maximum bei C_{13}-C_{15}	Mitteldestillate Dieselkraftsoffe Heizöl EL
C_{19} bis C_{44} mit und ohne n-Alkane Cycloalkane	Schmieröl
Pristan (und/oder Phytan) nur 6R,10S-Isomer allein	rezenten marinen Ablagerungen
$\dfrac{\text{Pristan + Phytan}}{\text{n -}C_{17}}$ $\gg$ 1	Schmieröle, teilweise biodegradiertes Öl
C_{14} bis C_{25} Isoprenoide	Rohöl, Bitumen
Pristan u. Phytan	Rohöl, Bitumen, Dieselkraftstoff, Heizöl EL
6RS,10RS-Pristan	Rohöl, Bitumen, Dieselkraftstoff, Heizöl EL

STRUKTURTYPEN	VORKOMMEN
$C_{30}17\beta H$, $C_{31}17\beta H$, $C_{31}17\alpha H$-Hopane (nur ein C22-Isomer)	rezente Sedimente
C_{27} bis C_{35} Hopane $17\alpha H$, 22R+S-Isomere (1:1)	Rohöl, Schmieröle
komplexe C_{27} bis C_{29} Sterane umgelagerte Sterane	Rohöl, (Schmieröle)
Naphthenoaromaten und polycyclische aromatische Kohlenwasserstoffe mit Methyl-, Isopropyl-Seitenkette	subrezente Sedimente
alkylierte 1- bis 5-Ringaromaten	Kohle, Rohöl
C_7 bis C_9 Alkylbenzole C_{18} bis C_{20} alkylierte 1- bis 3-Ringaromaten	Vergaserkraftstoffe Dieselkraftstoff Heizöl EL, Schmieröle
Polycyclische Aromaten mit 3 bis 5 Ringen	Steinkohlenteere, Ruß Bitumen, Schmieröle

Die biologischen Markierer der Hopanserie können zum Nachweis von Roh-
ölverschmutzungen und Belastungen mit hochsiedenden Mineralölprodukten
in rezentem Material herangezogen werden. Die biogen gebildeten Hopan-
serien besitzen die thermodynamisch instabileren $17\beta H$-,$21\beta H$-Konfigura-
tionen mit nur einer stereoisomeren Ausbildung an C-22. Reife Sedimente
und auch Erdöle, sowie die entsprechenden Destillationsschnitte beinhalten dagegen $17\alpha H$-,$21\beta H$-Hopane mit 1:1 Diastereomeren an Position C-22.
Deshalb überwiegen in belasteten Sedimenten die letzteren und dienen als
Indikatoren für Rohöle und deren Produkte. Allerdings darf ein gleichzeitiger natürlicher Eintrag bituminöser Sedimente nicht stattfinden, da
diese ebenfalls α,β-Hopane beinhalten.

Die Herkunft der polycyclischen aromatischen Kohlenwasserstoffe (PAK) in
rezenten Sedimenten (1-10ppm) ist noch nicht eindeutig geklärt. Ein Teil
wird wohl durch diagenetische Vorgänge aus biologischen Vorläufern der
Sterole und pentacyclischen Triterpene gebildet werden (Kap. 2.1.1.).
Ferner liefern pyrolytische Prozesse mit unvollständiger Verbrennung besonders die mehrkernigen PAK. Der bei der Koksherstellung anfallende
Steinkohlenteer enthält bis zu 10% zwei- und dreikernige PAK's, Benzpy-

rene, Coronen, Perylen und Phenanthrene, die man deshalb in Teerproduk-
ten wiederfindet. Das zu Straßenbelägen verwendete Steinkohlenteerpech
enthält über 50% aromatische 3- bis 7-Ringsysteme.

Bei der Beurteilung der Gesamtbelastung der Umwelt durch Kohlenwasserstoffe stellt sich in erster Linie die Frage nach der Herkunft der Kohlenwasserstoffe, die sowohl aus natürlichen Quellen wie aus dem anthropogenen
Bereich stammen können. Eine anteilsmäßige Beteiligung der multiplen
Emissionsquellen an der Gesamtbelastung ist nur schwer ermittelbar.

E.2. Erdölexploration

Einige Teilaspekte in der Erdölexploration werden von der organischen
Geochemie bearbeitet. Hierzu gehören die Frage nach der Identifizierung
von Muttergesteinen mit ihren entsprechenden Reifegraden, sowie das
Auffinden von Lagerstätten mit geochemischen Methoden. Ferner können Korrelationen zwischen Erdölen und Muttergesteinen oder untereinander bei
explorations- und produktionsgeologischen Problemen behilflich sein. Die
geochemische Prospektion auf Öl- und Gaslagerstätten kann sich aber nur
vor dem Hintergrund genauer geologischer Kenntnisse des entsprechenden
Gebietes vollziehen und nur im Zusammenspiel mit anderen Methoden erfolg-
reich sein. Deshalb wird hier nicht näher darauf eingegangen.

E.2.1. Identifizierung von Muttergesteinen

Während Kohlenlagerstätten in situ gebildete Ablagerungen darstellen und
somit nur noch die Frage nach ihrer Qualität beantwortet werden muß, sind
bei Öl- und Gaslagerstätten der Entstehungsort und der Akkumulationsbe-
reich meist räumlich mehr oder weniger durch die Migrationswege voneinander getrennt. Deshalb kennt man manchmal nicht die Muttergesteine der
entpsrechenden Lagerstätte. In Prospektionsansätzen spielt das Vorkommen von potentiellen Muttergesteinen eine große Rolle. Das organische
Material in Sedimenten ist in der Lage, infolge thermischer Belastung
Bitumen und Gas zu bilden. Migrierfähig ist aber nur ein Teil des Bitumens und Gases. Deshalb müssen Gesteine einen Mindesanteil an organischem Kohlenstoff aufweisen, um als potentielle Muttergesteine zu gelten,
von der Art des organischen Materials einmal ganz abgesehen. Deshalb gilt
als ein empirisch ermittelter Mindestgehalt an organischem Kohlenstoff
für klastische Sedimente 0.5%. Jedoch kann man erst bei Corg-Werten um
1% von annehmbaren Muttergesteinsqualitäten sprechen. Für Karbonate, die
weniger detritisches Material enthalten, gelten 0.3% Corg als untere

Grenze, und 0.8% Corg als positiver Indikator für ein Muttergestein. Die
organischen Kohlenstoff-Werte sind immer im Zusammenhang mit dem Reifezustand des entsprechenden Kerogens zu beurteilen. Unreifes und auch
überreifes Kerogen kann kein Erdöl liefern.

Da das im Reifezustand des Kerogens gebildete Bitumen nur zum Teil aus
dem Muttergestein in permeablere Formationen migriert, hat der zurückge-
bliebene und extrahierbare Rest einen gewissen diagnostischen Wert und
sollte, bezogen auf den organischen Kohlenstoff nicht unter einen margi-
nalen Anhaltswert von 20 bis 30mg pro g Extrakt Corg liegen. Zu hohe Werte
wiederum von über 200(mg/g) deuten auf Imprägnationen von hindurchmi-
griertem Öl hin.

Die Bestimmung des Typs des organischen Materials in Sedimenten ist für
Muttergesteinsansprachen sehr wichtig, da z.B. terrestrische Kerogene
(Typ III) und Humuskohlen nicht in der Lage sind, Öle abzugeben. Neben
mikroskopisch-optischen Methoden (z.B. Anteil der wasserstoffreichen
Liptinite) haben sich verschiedene Pyrolysemethoden etabliert, die die
Ansprache des gesamten organischen Materials beinhalten. In unreifen
Sedimenten liefern auch Chemofossilien Hinweise auf die Art des orga-
nischen Materials.

E.2.2. Reifegradbestimmung des organischen Materials

Erdöl und Erdgas bilden sich nur bei einem bestimmten Reifezustand des
organischen Materials. Ein Maß dafür ist der Reflexionsgrad $\bar{R}m$ des Vitrinits, der in Muttergesteinen, die sich in der Ölbildungsphase befinden, zwischen 0,5 und 1,3% liegen sollte.

Neben diesem petrographischen Parameter gibt es noch einige geochemische
Parameter, die sich aus dem Vorkommen und dem Bau der molekularen Fossilien ableiten lassen. Dies gilt nicht nur für die Bestimmung des Reifegrades der organischen Substanz in Muttergesteinen sondern auch für alle
Sedimente schlechthin. Ein Anhaltspunkt für reifes organisches Material
kann eine ausgeglichene n-Alkan Verteilung sein. Dies äußert sich auch
in einem CPI-Wert (OEP-Wert; Kap. D.2.2.), der ungefähr bei 1 liegt.
Ferner kann das Pristan/n-Heptadecan-Verhältnis für eine Beurteilung
von Reifezuständen herangezogen werden, das bei reifen Sedimenten unter
1, bei unreifen Sedimenten über 1 liegen sollte.

Die Reifung und Inkohlung der organischen Substanz bewirkt eine Aromatisierung der cyclischen Moleküle und eine Isomerisierung an den chira-

len Zentren, die von asymmetrischen Kohlenstoffatomen gebildet werden.
Die charakteristischen Chemofossilien vom Isoprenoidtyp, den Steranen
und pentacyclischen Triterpanen eignen sich gut für stereochemische und
Aromatisierungsvorgänge, da sie sich aufgrund ihrer charakteristischen
Molekülarchitektur analytisch gut erfassen lassen. Die stereochemischen
Unterschiede liegen in der unterschiedlichen Verknüpfungsweise der mehr-
gliedrigen Ringe untereinander und der Ausbildung von bevorzugten Anord-
nungen der Atome und Gruppen an den chiralen Zentren der Moleküle. Die
Chiralität existiert bei Kohlenstoffatomen, die vier verschiedene Reste
besitzen (dissymmetrisch) und somit ein Bild und Spiegelbild ("Händig-
keit") entsteht, die sich nicht zur Deckung bringen lassen.

Das kettenförmige Isoprenoid Pristan hat in marinen Organismen und unreifen Sedimenten die gleiche 6(R),10(S)-Konfigurationen, wie sie auch
im Phytol vorkommt:

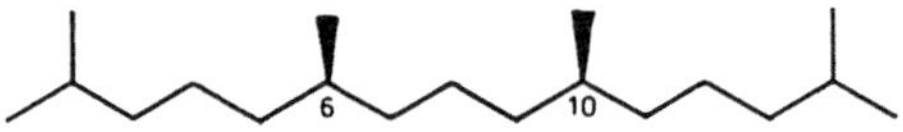

6(R),10(S)-Pristan

In Erdölen und reifen Sedimenten existieren 50% 6R,10(S)-Pristan und
50% 6(R),10(R) und 6(S),10(S)-Pristan, also in einer isomeren Verteilung
von 2:1:1.

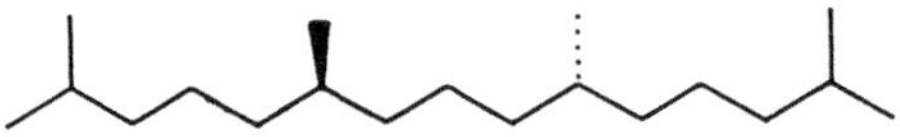

6(R),10(R)-Pristan

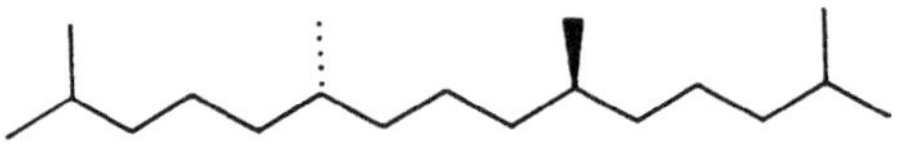

6(S),10(S)-Pristan

Phytan enthält drei chirale Zentren an C-6, C-10 und C-14, so daß die
daraus resultierenden acht möglichen Formen eine erhebliche komplexere
Situation hervorrufen. Die Ursache für den Verlust an Stereospezifität
und die Isomerisation an den chiralen Zentren liegt in der Empfindlich-
keit gegenüber thermischen Belastungen.

In Organismen werden die Hopane in der thermodynamisch instabileren
17β,21βH-Form gebildet. Ferner tritt ab den C_{31}-Hopanen von den beiden

möglichen Diastereomeren nur die 22R-Form auf. In rezenten und unreifen
Sedimenten sind nur die biogenen Vorläufer vorhanden. Erdöle, Steinkohlen und reife Sedimente haben nur die thermodynamisch stabile 17α,21βH-
Form bei einer Epimerisierung an C-22 zu einem S/R-Gemisch von 22R +
+ 22S-αβ-Hopanen:

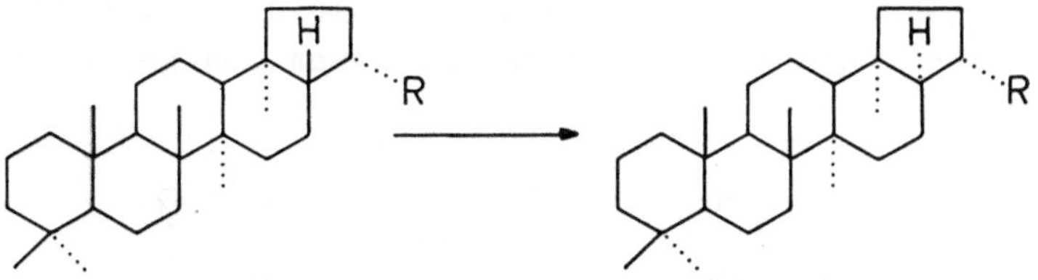

17β,21βH-Hopane   17α,21βH-Hopane

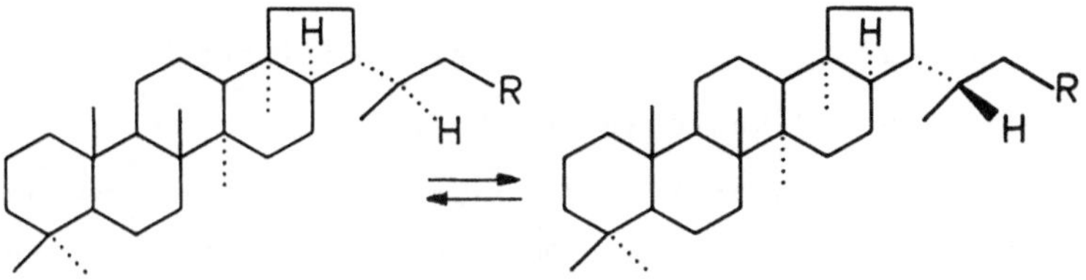

22R-αβ-Hopane   22S-αβ-Hopane

Steroide werden an den C-Atomen 14 und 17 mit einer αH-Konfiguration und
nur dem R-Epimeren am chiralen C-20 Atom biosynthetisiert. Eine thermokatalytische Umwandlung während der Erdölgenese erfolgt zu einem Gemisch
von R und S C-20-Epimeren und die Bildung von 14β,17βH-Steranen zu den
schon ursprünglich vorhandenen 17α,17αH-Steranen:

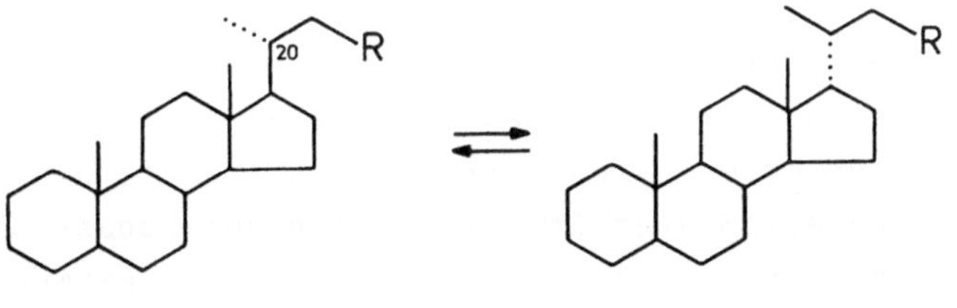

20R-Sterane   20S-Sterane

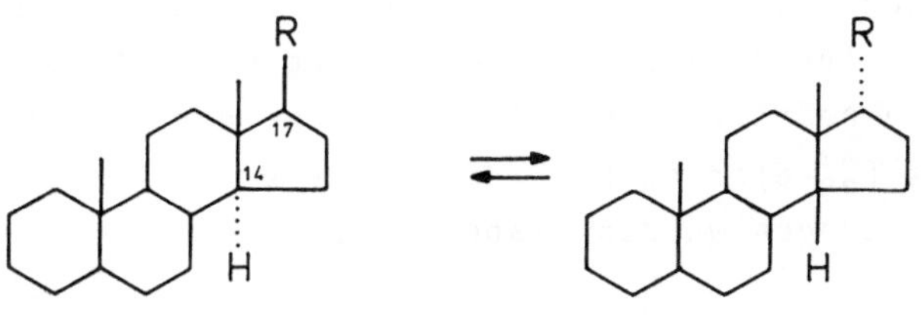

14α,17αH-Sterane   14β,17βH-Sterane

Allerdings werden die Isomerisierungen, besonders die Bildung von
$\alpha\beta$-Hopanen, durch saure Tonminerale begünstigt, so daß man auf jeden Fall
noch andere Reifeparameter heranziehen sollte.

Am Beginn einer Erdölgenese sind Aromatisierungsreaktionen noch nicht
weit fortgeschritten, so daß im Ring C aromatisierte Steroid-Kohlenwas-
erstoffe überwiegen, die im Laufe einer weiteren Umwandlung triaromati-
sieren:

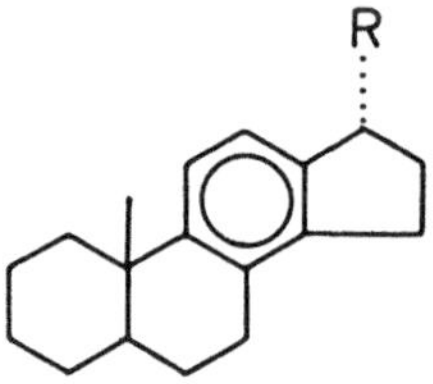

monoaromatische 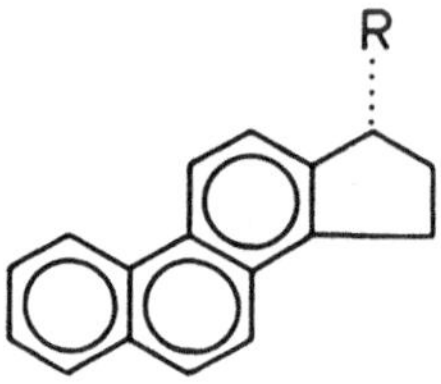   triaromatische

Steroid-Kohlenwasserstoffe

Die Petroporphyrine sind ebenfalls gegenüber Temperaturbelastungen empfindlich, wobei der DPEP-Typ mit seinem isocyclischen Ring gegenüber dem
ETIO-Typ thermisch labiler ist. Unreife Sedimente (< 0.3% $\bar{R}$m) enthalten hauptsächlich DPEP-Porphyrine. Mit zunehmender Reife sinkt das
DPEP/ETIO-Verhältnis, und bei einer Vitrinitreflexion von 0.7% $\bar{R}$m ist
der DPEP-Anteil verschwunden.

E.2.3. Korrelationen von Erdölen und Sedimenten

In der Erdölexploration und -produktion sind die Fragen nach verwandten
Ölen in verschiedenen Lagerstätten, ähnliches organisches Material in
Sedimenten und die Herkunft von Ölen aus ihren Muttergesteinen, also Öl/
Öl, Gestein/Gesteins- und Öl/Muttergesteinskorrelationen von besonderem
Interesse. Von den verschiedensten Korrelationsparametern eignen sich die
auf molekularer Ebene erfaßbaren Chemofossilien der Hopan- und Steran-
gruppe. Diese sind gut analysierbar und haben sich im Rahmen der Erdölgenese weitgehend in thermisch relativ stabile Konfigurationen umgewandelt. Da Verbindungen dieses Typs ubiquitär vorkommen, sind Unterschei-
dungen nur im Rahmen ihrer relativen Verteilung möglich, es können also
vorzugsweise nur die relativen Verteilungsmuster der C_{27}- bis C_{31}-Hopa-
ne und der C_{27}- bis C_{29}-Sterane nach der Fingerprint-Methode zu Korrelationsanalysen herangezogen werden (Tabelle 23).

Tabelle 23. Steran- und Hopantypen, die zu Korrelationszwecken herangezogen werden

HOPANE UND STERANE	MOLEKULARGEWICHT
Trisnorhopan (C_{27}): $17\alpha,21\beta H$	370
Norhopan (C_{29}): $17\alpha,21\beta H$	398
Hopan (C_{30}): $17\alpha,21\beta H$	412
Homohopan (C_{31}): $17\alpha,21\beta H;22R+22S$	426
Dihomohopan (C_{32}): $17\alpha,21\beta H;22R+22S$	440
Cholestan (C_{27}): $14\beta,17\beta H;20R$	372
(C_{27}): $14\beta,17\beta H;20R$	372
(C_{27}): $14\alpha,17\alpha H;20R+20S$	372
Campestan (C_{28}): $14\beta,17\beta H;20R$	386
(C_{28}): $14\beta,17\beta H;20S$	386
(C_{28}): $14\alpha,17\beta H;20R+20S$	386
Sitostan (C_{29}): $14\beta,17\beta H;20R$	400
(C_{29}): $14\beta,17\beta H;20S$	400
(C_{29}): $14\alpha,17\alpha;20R+20S$	400

Die Sterane sind oftmals weniger dominant und sollten in den in Tabelle 23 aufgeführten isomeren Konfigurationen zur Korrelation herangezogen werden. Die Sterane zeigen ein erheblich komplexeres Verteilungsmuster als die Hopan-Serien, da sich zu den biogenen Steranen noch die isomeren Konfiguraionen, die umgelagerten (Diasterane) und methylierten Sterane gesellen. In seltenen Fällen treten dominante und prägende Einzelbevorzugungen von Chemofossilien wie z.B. Gammacerane, C_{28}-Hopane, Ursene u.s.w. auf, die eine Korrelation anhand dieser Verbindungen ermöglichen.

Porphyrine eignen sich aufgrund ihrer thermischen Instabilität nur begrenzt für Korrelationsanalysen. Ebenso neigen die gesättigten cyclischen Sterane und Hopane zur Aromatisierung, so daß sie eigentlich nur auf den Inkohlungsbereich bis zum Ende der Erdölgenese zu Korrelationszwecken herangezogen werden können. Im höher inkohlten Bereich eignen sich manchmal aromatisierte Sterane, Naphthenoaromaten oder Thioaromaten zum Vergleich nach der Fingerprintmethode.

Bei positiven Korrelationen ist es aber unbedingt notwendig, auch andere Korrelationsparameter (z.B. isotopenchemische Verteilung, Pristan/ Phytan-Verhältnis u.s.w.) zu einer Untermauerung heranzuziehen. Ferner sollte nicht vergessen werden, daß derartige Korrelationsanalysen eigentlich nur eine eindeutige Negativaussage (negative Korrelation) gestatten, daß z.B. bestimmte Öle nicht oder Öl-Muttergesteinspaare nicht zusammengehören. Hierbei ist aber unbedingt zu prüfen, ob Reifegradunterschiede oder partielle Biodegradationen primär die Verteilungsmuster verändert haben können. Bei einer Übereinstimmung (positive Korrelation) ist eigentlich nur die Aussage möglich, daß z.B. die Öle oder die Sedimente in Bezug auf das organische Material dem gleichen Faziesbereich entstammen. Alle Korrelationsergebnisse müssen unbedingt an den geologischen Gegebenheiten überprüft werden und dürfen nicht dagegensprechen.

E.3. Biodegradation von Ölen

Der biologische Abbau von Kohlenwasserstoffen ist an die Anwesenheit von molekularem Sauerstoff gebunden. Deshalb stehen biodegradierte Öllagerstätten meist in Kontakt mit meteorischem Wasser. Die Abbaurate wird also durch den Zutritt von Sauerstoff bestimmt. Eine weitere Limitierung scheinen die zunehmend höheren Lagerstättentemperaturen mit zunehmender Teufe zu sein. Abbauende Mikroorganismen sind Hefen, Bakterien und Pilze. Schätzungen gehen dahin, daß etwa 10% der Lagerstätten zerstört werden und weitere 10% von Mikroorganismen befallen sind. Das Resultat sind eine Verschlechterung der Ölqualität durch die Entfernung der Kohlenwasserstoffe.

Biodegradierte Öle haben deshalb eine größere Viskosität und erhöhte Anteile an Harz-& Asphaltenkomponenten. Andererseits können die asphaltartigen Komponenten Abdichtungen bilden, die das Öl in geologischen Fangstrukturen festhalten. Die Teer- oder Schwerölsande sind auslaufende Lagerstätten, die u.a. durch mikrobiellen Befall teerartige Rückstände bilden.

Der mikrobielle Abbau von Kohlenwasserstoffen erfolgt in einer bevorzugten Reihenfolge. Am leichtesten werden die n-Alkane oxidiert, wobei entweder eine Oxidation der teminalen Methylgruppe zum primären Alkohol und der Carbonsäure erfolgt:

$$R\!-\!\!\bigwedge \xrightarrow{[O]} R\!-\!\!\bigwedge\!\!-CH_2OH \longrightarrow R\!-\!\!\bigwedge\!\!-COOH$$

oder eine Oxidation der ß-ständigen CH_2-Gruppe zu einem sekundären Alkohol bzw. Methylketon und einer enzymatischen Oxygenierung zu einem Essigsäureester, der bei der Hydrolyse den primären Alkohol und Essigsäure ergibt:

Der Alkohol wird weiter zur n-Carbonsäure oxidiert. Die Carbonsäuren unterliegen zur Energiegewinnung einem normalen Abbau durch die ß-Oxidation der Carbonsäuren. Ein wenn auch sehr geringer anaerober Abbau der n-Alkane scheint über eine Dehydrierung zu einem 1-Alken und nachfolgender Hydroxylierung zum Alkohol möglich.

Isoprenoide und andere verzweigte Alkane werden wegen ihrer Methylgruppen-Verzweigungen weniger bevorzugt abgebaut, da an der Verzweigungsstelle ein normaler Fettsäure-Abbau über die ß-Oxidation nicht möglich ist. Deshalb erfolgt ein mikrobieller Abbau nach Mobilisierung zusätzlicher Enzymsysteme über eine ω-Oxidation und eine Carboxylierung der Methylsubstituenten zu Dicarbonsäuren, die dann einem ß-oxidativen Abbau unterliegen.

Alicyclische Kohlenwasserstoffe unterliegen strukturbedingten komplexen Abbaureaktionen. In fast allen Fällen findet schließlich eine Ringöffnung statt. Ausgangspunkt ist die Bildung eines sekundären Alkohols der nach weiteren Oxidationsschnitten zu einer Dicarbonsäure führt, wie dies am Beispiel des Cyclohexans verdeutlicht wird:

Cyclohexan

ß-Oxidation

Adipinsäure

Der Abbau bei alkylierten Naphthenen erfolgt von der Seitenkette her. Die
dabei als Zwischenprodukte fungierenden Naphtensäuren können über eine
Hydroxylierung zu p-Hydroxybenzoesäure aromatisiert werden:

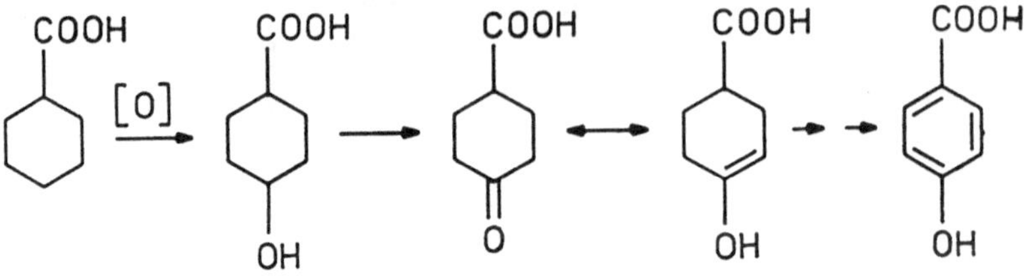

p -Hydroxybenzoesäure

Weitere Reaktionsschritte sind - wie beim Abbau vieler Aromaten - die
hydrierende und oxidative Ringöffnung, die wahrscheinlich auch im anaeroben Milieu durch ein ganzes mikrobielles Konsortium bewerkstelligt wird,
wobei man bislang davon ausgehen muß, daß für die Öffnung des ehemals
aromatischen Ringes mindestens zwei Hydroxylgruppen vorhanden sein müssen:

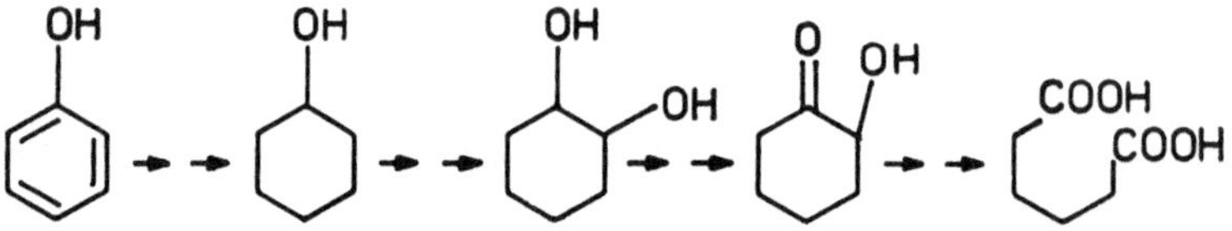

Adipinsäure

Auf diese Weise erfolgen auch an hydroxylierten kondensierten Aromaten,
Dibenzofuranen, Dibenzothiopenen die Ringöffnungen.

Die Biodegradation verläuft über eine stufenweise Konsumierung der gesättigten Kohlenwasserstoffe nach ihrem strukturellen Aufbau. Zuerst werden die n-Alkane entfernt, danach die verzweigten Kohlenwasserstoffe,
schließlich werden die cyclischen Kohlenwasserstoffe angegriffen. Dies ist
an den Kohlenwasserstoff-Verteilungen einer biodegradierten Öllagerstät-
te in Abb. 33 deutlich ablesbar.

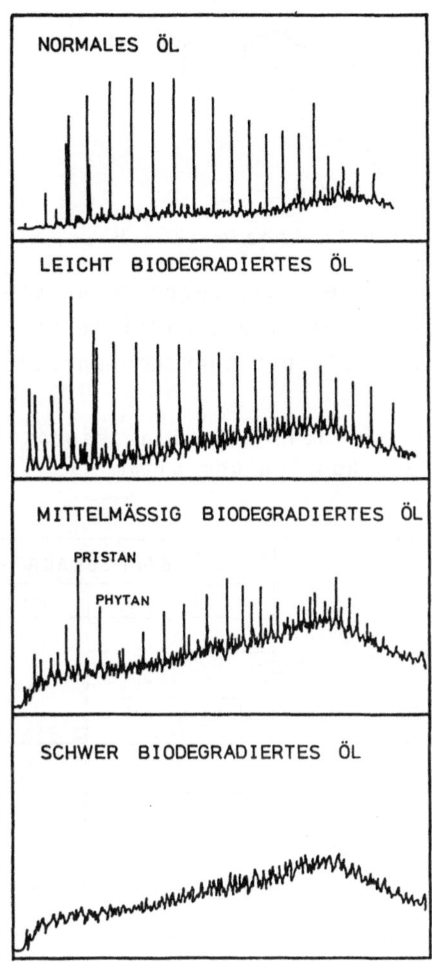

Abb. 33. Verteilung der gesättigten Kohlenwasserstoffe in einer
Lagerstätte mit unterschiedlich biodegradierten Ölen

Unter den polycyclischen Naphthenen sind die komplex gebauten Sterane
und Triterpane gegenüber der Biodegradation relativ resistent. Allerdings
scheint auch hier eine Rangordnung zu bestehen, indem die Sterane vor
den pentacyclischen Triterpanen abgebaut werden. Diasterane und tricyclische Terpane von C_{19} bis C_{30} bleiben dagegen eher erhalten.

In vielen Fällen findet man in schwer biodegradierten Ölen und Bitumina
die an den Ringen A/B demethylierten Hopane:

$17\alpha,21\beta(H)$-25-Norhopane: (R = H...... C_5H_{11})

Insgesamt läßt sich eine Biodegradationsreihe aufstellen, bei der mit zunehmender Biodegradation spezielle gesättigte Kohlenwasserstoffe entfernt werden, bzw. selektiv bleiben oder neu entstehen (Tabelle 24).

Tabelle 24. Auftreten von speziellen Kohlenwasserstoffen bei einer Biodegradation von Rohölen und Bitumina

VERBINDUNGEN	BIODEGRADATION		
	leicht	mittel	schwer
n-Alkane			
iso/anteiso Alkane			
Isoprenoide (Pristan/Phytan)			
einfache Naphthene			
Alkylbenzole			
$5\alpha,14\alpha,17\alpha(H)$-Sterane (20R)			
$5\alpha,17\beta,17\beta(H)$-Sterane (20R+S)			
C_{27} bis C_{35} Hopane			
Diasterane (besonders 20R)			
C_{19} bis C_{45} tricyclische Terpane			
C_{24} bis C_{30} tetracyclische Terpane			
C_{26} bis C_{34} 25-Norhopane			
C_{20} bis C_{34} 25-Normoretane			

In biodegradierten Erdölen mit noch vorhandener mikrobieller Aktivität lassen sich die entsprechenden Metaboliten der n-Alkane, nämlich die Carbonsäuren finden, die den Bereich von $n\text{-}C_{14}$ bis $n\text{-}C_{30}$ mit einer Bevorzugung der Palmitin- und Stearinsäure ($C_{16:0}$ und $C_{18:0}$) umfassen. Ebenso treten ungesättigte C_{18}-Fettsäuren ($\Delta^9,\Delta^{11},\Delta^9,\Delta^{12}$) auf. In nicht biodegradierten Ölen und in biodegradierten Ölen, die keine bakteriellen Aktivitäten mehr zeigen, sind die Fettsäurekonzentrationen sehr gering. Eine Korrelation zwischen dem Ausmaß einer biologischen Zersetzung und den Fettsäuregehalten ist nicht gegeben, weil dieser mögliche Effekt durch das Auswaschen mit Formationswasser ("water washing") überlagert wird.

E.4. Fazielle Einflüsse auf die Diagenese organischer Substanzen

Die Ablagerung des organischen Materials vollzieht sich im wesentlichen unter den oxischen und anoxischen Bedingungen und im aquatischen oder terrestrischen Bereich unter Bildung von klastischen oder autochthonen Sedimenten. Im aquatischen Milieu bilden klastische Sedimente unter mehr oxischen Bedingungen die Gyttja. Die Sapropellagen werden unter Sauerstoffausschluß abgelagert. Lagunäre Situationen mit hoher Wasserverdampfung führen zu Eindampfungssedimenten (Evaporite) von salzartigem Charakter.

Die Diagenese organischer Substanzen in klastischen Sedimenten verläuft im anoxischen Bereich nur graduell unterschiedlich wie unter Sauerstoffzutritt. Es treten z.B. in rezenten anoxischen Sedimenten vermehrt die aromatischen Diterpene auf. Es sind dies Dehydroabietin und Dehydroabietan (Monoaromaten), sowie Simonellit und Tetrahydroreten (Diaromaten) und das triaromatische Reten. Ebenso hat man erhöhte Gehalte an Glutaminsäure und ß-Aminoglutarsäure. Qualitative Unterschiede treten auch bei den Steranen auf, indem anoxische Sedimente viel Stenole und Stanole, sowie Steradiene und Stanone enthalten. Ferner scheint für Sapropele das in den Dinoflagellaten vorhandene Dinosterol (ein C_{29}-4-Methylsterol) und dessen Diageneseprodukte typisch zu sein.

Die konzentrierten Salzlösungen der Evaporite und Carbonate besitzen extrem niedrige E_h-Werte und hohe pH-Werte, woraus ein großes Reduktionspotential resultiert. Deshalb treten in einem derartigen Milieu nicht nur charakteristische organische Verbindungen auf, sondern die extremen Lebensbedingungen gestatten nicht die Existenz eines hochentwickelten Ökosystems mit einer Vielfalt von Organismen.

Im Gegensatz zu den klastischen Sedimenten werden in Evaporiten/Carbonaten die geradzahligen n-Alkane bevorzugt, es dominiert Phytan über Pristan, und es treten Methylsterane (und Sterane) bevorzugt auf. Ferner fehlen die Norhopane ($< C_{30}$) weitgehend.

Die Sterane (Cholestan bis Sitostan) haben meistens die 5αH-Konfigura-
tion, ebenso dominiert bei den methylierten Steranen der 4-Methyl-5αH-Typ.
Sterole und 4-Methylsterole kommen im einzelligen marinen Phytoplankton
(Dinoflagellaten) vor; ebenso überwiegen die geradzahligen n-Alkane in
den auf Algenmatten wachsenden sulfatreduzierenden (Desulfovibrio) und
sulfidoxidierenden Bakterien.

Die Phytandominanz deutet auch auf ein stark reduzierendes Milieu hin,
da sich das Ausgangsprodukt Phytol als Allylalkohol-Typ besonders leicht
hydrieren läßt. Die Existenz der geradzahligen n-Alkane kann mit der Hydrierung der Pflanzenalkohole erklärt werden. Das Fehlen der C_{27} und C_{29}-
Norhopane gibt einen Hinweis auf eine Hydrogenolyse von Carbonsäuren
nebst Estern bei ihrer thermokatalytischen Freisetzung im Rahmen der Erdölbildung. Das organische Material in Evaporiten stammt also nicht nur
von besonderen Organismen ab, sondern es durchläuft auch einen anderen
Diageneseweg und gibt somit einen Hinweis auf das Paläoenvironment. Die
unterschiedlichen faziellen Verhältnisse in fossilen klastischen Sedimenten und Eindampfungssedimenten lassen sich anhand der Verteilung und
dem Vorkommen charakteristischer Kohlenwasserstoffe dokumentieren. Im
Zusammenhang mit den schon früher dargestellten Differenzierungsmöglich-
keiten von terrestrischen und marinen Ablagerungen spiegeln die Alkane
fazielle Unterscheidungsmerkmale wider, die in Tabelle 25 zusammengefaßt
sind.

Tabelle 25. Fazielle Unterscheidungsmöglichkeiten anhand der Alkan-
            fraktion

ALKANE	KLASTISCHE SEDIMENTE		KARBONATE / EVAPORITE
	terrestrisch	marin	
CPI der n-Alkane	$\gg 1$	$> \sim 1$	< 1
Pristan/Phytan	> 1	> 1	< 1
Sterane	C_{27} bis C_{29}	C_{27} bis C_{29}	C_{27} bis C_{29}
Methyl-Sterane	kaum vorhanden	geringer Anteil	C_{28} bis C_{31}
Triterpane	C_{27} bis C_{35}	C_{27} bis C_{35}	$\geqslant C_{30}$
	Bei hohen Diagenesegraden :		
Pristan/Phytan	$> \sim 1$	$> \sim 1$	< 17

E.5. Phylogenetische und molekularpaläontologische Aspekte von Chemo-
fossilien

Man kann davon ausgehen, daß die Grundzüge der molekularen Evolution im
wesentlichen schon im Präkambrium abgeschlossen waren. Diese Tatsache bezieht sich auch auf die Biosynthesemöglichkeit von Isoprenoiden. So sind
z.B. Pristan und Phytan sowohl in proterozoischen als auch jungen Sedimenten zu finden, sofern sie nicht zu großen thermischen Belastungen ausgesetzt waren, die zu einer Zerstörung dieser Verbindungen führten. Das
Phytol als Seitenkettenalkohol des Chlorophylls wird als Vorläufer des
Pristans und Phytans angesehen, die deshalb als molekulare Fossilien gelten, die den Beginn der Photosynthese anzeigen könnten. Leider ist man
bei ihrer Entdeckung in archaischen Sedimenten der 3×10^9 Jahre alten Fig-
Tree-Serie nicht sicher, ob sie nicht doch hineinmigriert sind. Ähnliches
gilt für Porphyrine, Sterane und Triterpane im Gunflint-Schiefer ($1,9 \times$
10^9 J). Ebenso können Erdöle bei ihrer Migration durch jüngere Schichten
Verbindungen dieser Art aufgenommen haben.

Die mit der Phylogenie der Pflanzen weitergehenden Biosyntheseanforderungen
lassen auch weitere terpenoide Verbindungen entstehen, die man im geologischen Material entsprechenden Alters, besonders Erdölen, wiederfinden
kann. In kambrischen und altpaläozischen Erdölen lassen sich Sterane und
Hopane noch sicher nachweisen. Während Steroide in heutigen prokaryoti-
schen Mikroorganismen nicht sicher nachgewiesen sind, werden Hopanoide
in einigen Eubakterien wahrscheinlich anstelle der Steroide gebildet.
Beide haben als Vorläufer das Squalen, wobei molekularer Sauerstoff nur
für die Cyclisierung zu den Steroiden über das Squalenepoxid benötigt
wird. Deshalb liegt der Gedanke nahe, daß die Biosynthesemöglichkeit der
Hopanoide noch vor dem Auftreten des molekularen Sauerstoffes bestanden
haben könnte und sie somit "phylogenetische" Vorläufer der Steroide sind.

In terrestrisch beeinflußten tertiären Erdölen und Sedimenten findet
man neben den ubiquitär vorkommenden Steran- und Hopanserien in zunehmendem Maße pentacyclische Triterpane mit Oleanan- und Ursanstruktur, die
aus fünf sechsgliedrigen Ringen aufgebaut sind, die in erster Linie den
Angiospermen zuzuordnen sind. An der tertiären Kohlenbildung waren neben
Angiospermen auch noch Gymnospermen, insbesondere Koniferenarten beteiligt. Deshalb treten in Kohlen und terrestrisch beeinflußten Sedimenten
entsprechenden Reifegrades die tri- und tetracyclischen Diterpane vom
Pimaran-, Abietan- und Phyllocladantyp auf.

Bei einer Gegenüberstellung des paläobotanisch bestimmbaren entwicklungs-
geschichtlichen Anfangs der Pflanzenabteilungen und dem Auftreten von
terpenoiden Chemofossilien im Probenmaterial entsprechenden geologischen
Alters ist eine gewisse Übereinstimmung zu verzeichnen (Abb. 35).

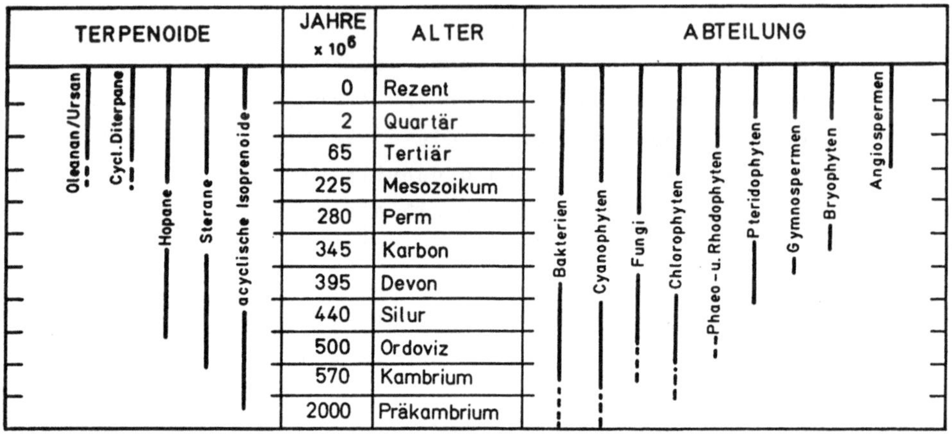

TERPENOIDE	JAHRE x 10^6	ALTER	ABTEILUNG
	0	Rezent	
	2	Quartär	
	65	Tertiär	
	225	Mesozoikum	
	280	Perm	
	345	Karbon	
	395	Devon	
	440	Silur	
	500	Ordoviz	
	570	Kambrium	
	2000	Präkambrium	

TERPENOIDE: Oleanan/Ursan, Cycl. Diterpane, Hopane, Sterane, acyclische Isoprenoide

ABTEILUNG: Bakterien, Cyanophyten, Fungi, Chlorophyten, Phaeo- u. Rhodophyten, Pteridophyten, Gymnospermen, Bryophyten, Angiospermen

Abb. 35. Phylogenie der Pflanzen und Auftreten der terpenoiden Chemofossilien

Neben einer morphologisch erkennbaren stammesgeschichtlichen Entwicklung
hat sich auch eine biochemische Evolution vollzogen, die allerdings
- bezogen auf die autotrophen Organismen - nur im terrestrischen Bereich
eine stürmische Weitereintwicklung zu erfahren scheint.

E.6. Geochronologie mit Hilfe von Aminosäuren

Aminosäuren können aufgrund ihres asymmetrischen α-Kohlenstoffatomes sowohl in der L- als auch in der D-Form auftreten (Kap. C.2.4.). In Organismen ist bis auf seltene Ausnahmen nur die L-Konfiguration der Aminosäuren vertreten. Der Grad der Umwandlung von der einen in die andere
Konfiguration läßt sich zu Altersbestimmungen, d.h. zu geochronologischen
Datierungen heranziehen. Aminosäuren sind in der Lage zu racemisieren,
indem sie sich von der L-Form in die D-Form und umgekehrt umwandeln und
schließlich ein äquimolares racemisches Gemisch von L- und D-Formen
bilden:

$$\text{L-Aminosäure} \underset{k_2}{\overset{k_1}{\rightleftharpoons}} \text{D-Aminosäure}$$

Die Racemisierung verläuft in erster Näherung nach der Kinetik erster Ordnung für reversible Reaktionen mit den Umwandlungsraten k_1 und k_2. Dabei gilt für enantiomere Aminosäuren $k_1 = k_2$, während für Diastereomere mit 2 asymmetrischen C-Atomen $k_1 \neq k_2$ ist. Die Geschwindigkeitsgleichung für die Racemisierung und Epimerisierung lautet:

$$-\frac{d[\text{L-Aminos.}]}{dt} = k_1[\text{L-Aminos.}] - k_2[\text{D-Aminos.}]$$

wobei [Aminos.] die entsprechenden Konzentrationen zur Zeit t darstellen.

Die Umwandlungsgeschwindigkeit von dem einen Enantiomer in das andere ist temperatur-, zeit- und pH-abhängig. Man kann deshalb bei konstantem pH-Wert entweder die Paläotemperatur oder das Alter einer Probe bestimmen, die Aminosäuren enthält, falls die jeweils andere Variable bekannt ist. Normalerweise zieht man die Aminosäuren zu geochronologischen Bestimmungen heran, da sie ohnehin thermisch ziemlich instabil sind. Die pH-Abhängigkeit läßt sich dadurch umgehen, indem man die geschützten Aminosäuren aus thermisch unbelasteten kalzifizierten Fossilien (Muscheln und Knochenmaterial) isoliert und ihre Konzentrationen bestimmt. Man kann also das Alter eines sedimentären Fossils bestimmen, wenn man seine Temperaturgeschichte kennt.

Für die Geochronologie nutzt man vor allem die Umwandlung des L-Isoleucins in das in Proteinen nicht vorhandene diastereomere D-Alloisoleucin.

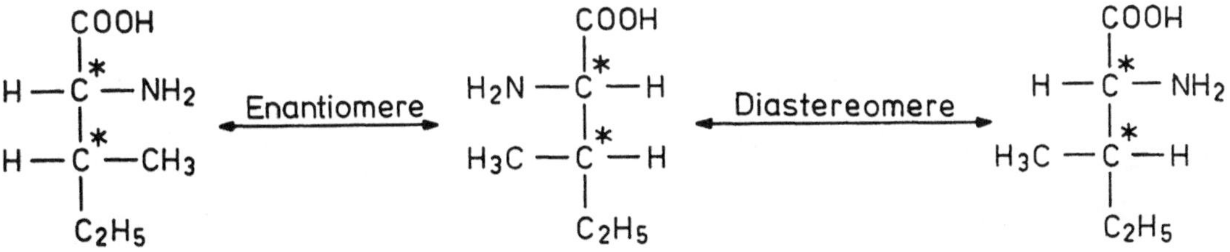

D-Isoleucin   L-Isoleucin   D-Alloisoleucin

Die Integration und Umformung der obigen Geschwindigkeitsgleichung liefert einen direkten Zugang zur Bestimmung der Zeit:

$$\frac{[\tfrac{D}{D} + L]_e - [\tfrac{D}{D} + L]_t}{[\tfrac{D}{D} + L]_e} = \exp\left\{-(1 + \frac{k_1}{k_2})\, kt\right\}$$

wobei $[\ ]_e$ der Wert beim Äquilibrium und $[\ ]_t$ das Konzentrationsverhältnis für die Zeit t darstellt. Für L-Isoleucin/D-Alloisoleucin gilt $[\ ]_e$ = 0,56 und k_1/k_2 = 1,25. Anhand von Meßreihen und Eichkurven läßt sich somit aus dem D/L-Aminosäure-Verhältnis das Alter einer Probe von rezent bis etwa 700.000 Jahren bestimmen.

Die Altersbestimmung anhand des Racemisierungsgrades von Aminosäuren sind nicht unumstritten, da oftmals keine sicheren Aussagen über die Paläotemperaturen möglich sind. Trotz allem füllt sie aber eine Lücke im Bereich des Känozoikums, da die Radio-Carbon-Methode nur an bis etwa 50.000 Jahre alten Proben sicher anwendbar ist.

Übersichtsliteratur

Bildung von organischem Material (Teil A)

AWRAMIK, S.M.: The Pre-Phanerozoic Fossil Record. In: Mineral Deposits and the Evolution of the Biosphere, S.67-81, Ed: H.D. Holland & M. Schidlowski, Springer Verlag, Berlin 1982.

CALVIN, M.: Chemical Evolution. Oxford at the Clarendon Press, Oxford 1969.

DOSE, K. u. RAUCHFUSS, H.: Chemische Evolution und der Ursprung lebender Systeme. Wissenschaftliche Verlagsgesellschaft mbH, Stuttgart 1975.

DREBES, G.: Marines Phytoplankton, Thieme Verlag, Stuttgart 1974.

EGLINTON, G. u. MURPHY, M.T.J. (Ed.): Organic Geochemistry, Springer Verlag, Berlin, Heidelberg, New York 1969.

EIGEN, M.: Selforganisation of Matter and the Evolution of Biological Macromolecules. Naturwissenschaften 58, S.465-523 (1971).

FRANCIS, W.: Coal, Its Formation and Composition, Arnold Publishers, London 1961.

KANDLER, O.: Archaebakterien und Phylogenie der Organismen. Naturwissenschaften 68, S.183-192 (1981).

KAPLAN, R.W.: Der Ursprung des Lebens. Thieme Verlag, Stuttgart 1972.

KUHN, H.: Selbstorganisation molekularer Systeme und die Evolution des genetischen Apparats. Angew. Chem. 84, S.838-862 (1972).

METZNER, H.: Biochemie der Pflanzen. Enke Verlag, Stuttgart 1973.

MILLER, S.L.: Prebiotic Synthesis of Organic Compounds. In: Mineral
     Deposits and the Evolution of the Biosphere, S.155-176. Ed: H.D.
     Holland & M. Schidlowski, Springer Verlag, Berlin 1982.

MURRAY, G.E., KACZOR, M.J. u. Mc ARTHUR, R.E.: Indigenons Precambrian
     Petroleum Revisted. Amer. Assoc. Petrol. Geol. Bull. 64, S.1681-1700
     (1980).

ROUND, T.E.: Biologie der Algen. Thieme Verlag, Stuttgart 1975.

SCHLEGEL, H.G.: Allgemeine Mikrobiologie. 5. Aufl., Thieme Verlag,
     Stuttgart 1981.

STRASBURGER, E.: Lehrbuch der Botanik. 31. Aufl., Fischer Verlag,
     Stuttgart, New York 1978.

WEDEPOHL, K.H.: Geochemie, Göschen Band 1224, de Gruyter Verlag,
     Berlin 1967.

WELTE, D.H.: Organischer Kohlenstoff und die Entwicklung der Photosyn-
     these auf der Erde. Naturwissenschaften 57, S.17-23 (1970).

WOESE, C.R.: A Proposal Concerning the Origin of Life on the Planet
     Earth. J. Mol. Evol. 13, S.95-101 (1979).

WOODWELL, G.M.: Das Kohlendioxid-Problem. Spectrum der Wissenschaft,
     S.11-19 (1978).

WRAY, J.L.: Calcareons Algae. Elsevier Scientific Publ. Comp.
     Amsterdam 1977.

ZIMMERMANN, W.: Geschichte der Pflanzen. 2. Aufl., Thieme Verlag,
     Stuttgart 1969.

Sedimentation und Akkumulation von organischem Material (Teil B)

DUURSMA, E.K., DAWSON, R. (Ed): Marine Organic Chemistry. Elsevier
     Scientific Publ. Comp., Amsterdam 1981.

GÖTTLICH, KH.: Moor- und Torfkunde. Schweizerbart'sche Verlagsbuch-
     handlung, Stuttgart 1976.

OVERBECK, F.: Botanisch-geologische Moorkunde. Wachholz Verlag,
   Neumünster 1975.

SCHEFFER, F., SCHACHTSCHABEL, P.: Lehrbuch der Bodenkunde. 9. Aufl.,
   Enke Verlag, Stuttgart 1976.

STUMM, W. & MORGAN, J.J.: Aquatic Chemistry. Wiley-Interscience, New
   York, 1970.

TISSOT, B.P., WELTE, D.H.: Petroleum Formation and Occurrence,
   Springer Verlag, Berlin 1978.

<u>Diagenese des organischen Materials (Teil C)</u>

AIZENSHTAT, Z.: Perylene and its geochemical significance.
   Geochim. Cosmochim. Acta <u>37</u>, S.559-567 (1973).

BAKER; E.W., LOUDA, J.W.: Thermal Aspects in Chlorophyll Geochemistry.
   Advances in Organic Geochemistry 1981, S.401-421. Ed: M. Bjoroy et al.
   John Wiley & Sons Ltd., Chichester 1983.

BARNES, M.A., BARNES, W.C.: Organic Compounds in Lake Sediments.
   In: LAKES, Chemistry, Geology, Physics, S.127-152. Ed: A. Lerman,
   Springer Verlag, New York 1978.

BLUMER, M., MULLIN, M.H., THOMAS, D.W.: Pristane in the marine environment.
   Helgol. Wiss. Meeresuntersuchungen, S.187-201 (1964).

BLUMER; M.: Organische Verbindungen in der Natur; Die Grenzen unseres
   Wissens. Angew. Chem. <u>87</u>, S.527-554 (1975).

CRANWELL, P.A.: Monocarboxylic Acids in Lake Sediments: Indicators
   derived from terrestrial and aquatic biota of palaeonvironmental
   trophic levels. Chemical Geology <u>14</u>, S.1-14 (1974).

DEGENS, E.T., MOPPER, K.: Early Diagenesis of Sugars and Amino Acids
   in Sediments. In: Diagenesis in Sediments and Sedimentary Rocks,
   S.143-205. Ed: G. Larsen u. G. Chilingar. Elsevier Scientific Publ.
   Comp., Amsterdam 1979.

DUNGWORTH, G.: Optical Configuration and the Racemisation of Amino Acids
    in Sediments and in Fossils - A Review. Chemical Geology 17,
    S.135-153 (1979).

FLAIG, W., BEUTELSPACHER, H.; RIETZ, E.: Chemical composition and pro-
    perties of humic substances. In: Soil Components, Organic components
    (Vol.1) S.1-211, Ed: J.E. Gieseking, Springer Verlag, New York (1975).

KONONOVA, M.M.: Soil organic matter. Pergamon Press, Oxford 1961.

KRÜGER; G.: Lignin - seine Bedeutung und Biogenese. Chemie in unserer
    Zeit 10, S.21-29 (1976).

LAFLAMME, R.E., HITES, R.A.: The global distribution of polycyclic
    aromatic hydrocarbons in recent sediments. Geochim. Cosmochim. Acta
    42, S.289-303 (1978).

METZNER, H.: Biochemie der Pflanzen. Enke Verlag, Stuttgart 1973.

OREMLAND, R.S., TAYLOR, B.F.: Sulfate reduction and methanogenesis in
    marine sediments. Geochim. Cosmochim. Acta 42, S.209-214 (1978).

OURISSON, G., ALBRECHT, P., ROHMER, M.: The Hopanoids Palaeochemistry
    and Biochemistry of a Group of Natural Products. Pure & Appl. Chem.
    51, S.709-729 (1979).

RÜCKER, G.: Sesquiterpene. Angew. Chem. 85, S.895-907 (1973).

SCHNITZER, M., KHAN, S.U.: Humic substances: Chemistry and reactions.
    In: Soil organic Matter (Developments in Soil Science), S.1-64
    Elsevier Scientific Publ. Comp., Amsterdam 1978.

SIMONEIT, B.R.T.: The Organic Chemistry of Marine Sediments. In: Chemical
    Oceanography, S.233-311. Ed: J.P. Riley u. R.Chester. Academic Press,
    London 1978.

VOLKMAN, J.K., JOHNS, R.B., GILLAN, F.T., PERRY, G.J.: Microbial lipids
    of an intertidal sediment-I. Fatty acids and hydrocarbons.
    Geochim. Cosmochim. Acta 44, S.1133-1143 (1980).

WAKEHAM, S. G., SCHAFFNER, Ch., GIGER, W.: Polycyclic aromatic hydrocarbons in Recent lake sediments-II, Compounds derived from biogenic
precursors during early diagenesis. Geochim. Cosmochim. Acta 44,
S.415-429 (1980).

WAKEHAM, S.G.: Organic matter from a sediment trap experiment in the
equatorial North Atlantic: wax esters, steryl esters, triacylglycerol
and alkyldiacylglycerols. Geochim. Cosmochim. Acta 46, S.2239-2257
(1982).

Inkohlung der organischen Substanz (Teil D)

ALBRECHT, P., OURISSON, G.: Biogene Substanzen in Sedimenten und
Fossilien. Angew. Chemie 83, S.221-260 (1971).

ALBRECHT, P., VANDENBROUCKE, M., MANDENGUE, M.: Geochemical studies on
organic matter from the Douala Basin (Cameroon)-I. Evolution of the
extractable organic matter and the formation of petroleum.
Geochim. Cosmochim. Acta 40, S.791-799 (1976).

BOUŠKA, V.: Geochemistry of Coal, Elsevier Scientific Publ. Comp.,
Amsterdam 1981.

VAN DORSSELAAR, A., ALBRECHT, P., CONNAN, J.: Changes in Composition of
Polycyclic Alkanes by Thermal Maturation (Yallourn lignite, Australia).
In: Advances in Organic Geochemistry 1975, S.54-59, ENADIMSA, Madrid
1979.

DURAND, B.: Kerogen. Editions Technip, Paris 1980.

EGLINTON, G., MURPHY, M.T.J.: Organic Geochemistry, Springer Verlag,
Berlin 1969.

ENSMINGER, A., JOLY, G., ALBRECHT, P.: Rearranged Steranes in Sediments
and Crude Oils. Tetrahedron Letters 18, S.1575-1578 (1978).

HAJIBRAHIM, S.K., QUIRKE, J.M.E., EGLINTON, G.: Petroporphyrines,
V. Structurally -related Porphyrin Series in Bitumens, Shales and
Petroleums- Evidence from HPLC and Mass Spectrometry.
Chem. Geol. 32, S.173-188 (1981).

HAYATSU, R., WINAS, R.E., SCOTT, R.G., MOORE, L.P., STUDIER, M.H.:
   Trapped organic compounds and aromatic units in coals. Fuel 57,
   S.541-547 (1978).

HEROUX, Y., CHAGNON, A., BERTRAND, R.: Compilation and Correlation of
   Major Thermal Maturation Indicators. Amer. Assoc. Petrol. Geol. Bull.
   63, S.2128-2144 (1979).

HOLLERBACH, A.: Organische Substanzen biologischen Ursprungs in Erdölen
   und Kohlen. Erdöl und Kohle, Erdgas, Petrochem. 33, S.362-367 (1980).

HOLLERBACH, A.: Chemische Charakterisierung von Kohlen unterschiedlicher
   Inkohlung. Technische Mitteilungen, Haus der Technik 75, S.94-100,
   Essen (1982).

HUNT, J.M.: Petroleum Geochemistry and Geology. Freeman Comp., San
   Francisco 1979.

KIMBLE; B.J., MAXWELL, J.R., PHILP, R.P., EGLINTON, G.: Identification of
   Steranes and Triterpanes in Geolipid Extracts by High-Resolution Gas
   Chromatography and Mass Spectrometry. Chem. Geol. 14, S. 173-198
   (1974).

van KREVELEN, D.W.: Coal. Elsevier Scientific Publ. Comp., Amsterdam 1962.

MAYER-GÜRR, A.: Petroleum Engineering. Enke Verlag, Stuttgart 1976.

NEUMANN, H.J., PACZYŃSKA-LAHME, B., SEVERIN, D.: Composition and Pro-
   perties of Petroleum. Enke Verlag, Stuttgart 1981.

OELERT, H.H.: Chemischer Aufbau und Verhalten von Steinkohlen, ein
   Überblick aus analytischer Sicht. Erdöl und Kohle, Erdgas Petrochem.
   Compendium 77/78, S.216-234 (1978).

PALMER, S.E., BAKER, E.W., CHARNEY, L.S., LOUDA, J.W.: Tetrapyrrole
   pigments in United States humic coals. Geochim. Cosmochim. Acta 46,
   S.1233-1241 (1982).

PHILIPPI, G.T.: The deep subsurface temperature controlled origin
   of gaseous and gasoline-range hydrocarbons of petroleum.
   Geochim. Cosmochim. Acta 39, S.1353-1373 (1975).

RADKE, M., SCHAEFER, R.G., LEYTHAEUSER, D., TEICHMÜLLER, M.: Composition
of soluble organic matter in coals: relation to rank and liptinite
fluorescence. Geochim. Cosmochim. Acta 44, S.1787-1800 (1980).

RÜHL, W.: Tar (Extra Heavy Oil) Sands and Oil Shales. Enke Verlag,
Stuttgart 1982.

RÜYTER, H.P.: Coalification model. Fuel 61, S.883-887 (1982).

SEIFERT, W.K.: Carboxylic Acids in Petroleum and Sediments.
Fortschritte d. Chem. org. Naturst. 32, S.1-49 (1975).

STACH, E. et al.: Stach's Textbook of Coal Petrology. Gebrüder Born-
traeger, Berlin 1982.

TISSOT, B., CALIFET-DEBYSER, Y., DEROO, G., OUDIN, J.L.: Origin and
Evolution of Hydrocarbons in Early Toarcian Shales, Paris Basin,
France. Amer. Assoc. Petrol. Geol. Bull. 55, S.2177-2193 (1971).

TISSOT, B.P., WELTE, D.H.: Petroleum Formation and Occurrence.
Springer Verlag, Berlin 1978.

WELTE, D.: Recent Advances in Organic Geochemistry of Humic Substances
and Kerogen. A Review In: Advances in Organic Geochemistry 1973.
S. 3-13, Editions Technip, Paris 1974.

WHELAN, J.K., HUNT, J.M. BERMANN, J.: Volatile C_1-C_7 organic compounds
in surface sediments from Walvis Bay. Geochim. Cosmochim.
Acta 44, S.1767-1783 (1980).

WRIGHT, N.J.R.: Time, Temperature and Organic Maturations -the evolution
of rank within a sedimentary pill. Journal of Petrol. Geology 24,
S.411-425 (1980).

Ausgewählte Anwendungsgebiete der organischen Geochemie (Teil E)

BLUMER; M.: Organische Verbindungen in der Natur: Die Grenzen unseres
Wissens. Angew. Chem. 87, S.527-534 (1975).

DEMBICKI, Jr., H., MEINSCHEIN, W.G., HATTIN, D.E.: Possible ecological
and environmental significance of the predominance of even-carbon

number C_{20}-C_{30} n-alkanes. Geochim. Cosmochim Acta <u>40</u>, S.203-208 (1976).

GEHMAN, Jr., H.M.: Organic matter in Limestones. Geochim. Cosmochim Acta <u>26</u>, S.885-897 (1962).

GERLACH, S.A.: Meeresverschmutzung. Springer Verlag, Berlin 1976.

GIBSON, D.T.: Microbial Metabolism. In: The Handbook of Environmental Chemistry. Vol 2A. S.161-192. Ed: O. Hutzinger. Springer Verlag, Berlin 1980.

HOEFS, J.: Stable Isotope Geochemistry. Springer Verlag, Berlin 1980.

HOLLERBACH, A.: Charakteristische Kohlenwasserstoffe in Evaporaten. Erdöl, Kohle, Erdgas u. Petrochem. <u>33</u>, S.327 (1980).

MACKENZIE; A.S., PATIENCE, R.L., MAXWELL; J.R., VANDENBROUCKE; M., DURAND, B.: Molecular parameters of maturation in the Toarcian shales, Paris Basin, France-I. Changes in the configurations of acyclic isoprenoid alkanes, steranes and triterpanes. Geochim. Cosmochim. Acta <u>44</u>, S.1709-1721 (1980).

MACKENZIE, A.S., HOFFMANN, C.F., MAXWELL, J.R.: Molecular parameters of maturation in the Toarcian shales, Paris Basin, France-III. Changes in aromatic steroid hydrocarbons. Geochim. Cosmochim. Acta <u>45</u>, S.1345-1355 (1981).

MERTENS, E.W., GOULD, J.R.: The Effects of Oil on Marine Life. Erdöl u. Kohle, Erdgas, Petrochem. <u>32</u>, S.162-166 (1979).

OURISSON, G., ALBRECHT, P., ROHMER, M.: The Hopanoids Palaeochemistry and biochemistry of a group of natural products. Pure & Appl. Chem. <u>51</u>, S.709-729 (1979).

SEIFERT, W.K., MOLDOWAN, J.M.: The effect of biodegradtion on steranes and terpanes in crude oils. Geochim. Cosmochim. Acta <u>43</u>, S.111-126 (1979).

SEIFERT, W.K., MOLDOWAN, J.M.: Palaeoreconstruction by biological markers. Geochim. Cosmochim. Acta <u>45</u>, S.783-794 (1981).

VOLKMAN, J.K., ALEXANDER, R., KAGI, R.J., WOODHOUSE, G.M.: Demethylated
hopanes in crude oils and their applications in petroleum geochemistry.
Geochim. Cosmochim. Acta $\underline{47}$, S.785-794 (1983).

WELTE, D.H., HAGEMANN, H.W., HOLLERBACH, A., LEYTHAEUSER, D., STAHL, W.:
Correlation between Petroleum and Source Rock. Proc. 9th. World
Petroleum Congress 1975, Vol.2, S.179-191, Applied Science Publ.,
London 1975.

WILSON, R.D., MONAGHAN, P.H., OSANIK, A., PRICE, L.C., ROGERS, M.A.:
Natural Marine Oil Seepage. Science $\underline{184}$, S.857-865 (1974).

Glossarium

A

Aerob: Bei Anwesenheit von Luftsauerstoff
Allochthon: Ortsfremd entstanden und herbeitransportiert
Anaerob: Bei Abwesenheit von Luftsauerstoff
Angiospermen: Bedecktsamige Pflanzen
Anoxygen: Unter Sauerstofffreiheit gebildet
Antiklinale: Aufwölbung einer Sedimentschicht
Autochthon: Am Ort der Entstehung noch vorhanden
Autotrophie: Eine Ernährungsweise, die überwiegend anorganische Substanzen (CO_2) für den Zellaufbau nutzt

B

Biogen: Von Organismen gebildet
Biosphäre: Der von den Organismen besiedelte Teil der Erde
Bitumen: Mit Lösungsmitteln extrahierbares organisches Material aus Sedimenten
Braunkohle: Niedrig inkohlte Kohle von dunkelbrauner bis schwarzbrauner Färbung

C

Caprock: Abdichtendes Gestein über einer Öl/Gaslagerstätte
Chemofossilien: Substanzen, die aufgrund ihrer chemischen Struktur einen Hinweis auf ihre biologische Abstammung geben
Chemosynthese: Bildung von organischem Material aus Kohlendioxid durch Oxidation von anorganischen Stoffen
Chiral: Sind Objektpaare, die eine Bild-Spiegelbild-Beziehung zueinander haben, z.B. linke und rechte Hand
Coazervate: Tröpfchenförmige Gebilde, die sich in einem gleichartigen Medium bilden

Cormophyten: Gefäßpflanzen
Cuticula: Blattüberzug

D

Dalton: Molekulargewichtseinheit, die sich aus den Atomgewichten zu-
    sammensetzt
Dead Carbon: Nicht reaktives kohlenstoffreiches organisches Material
    in Sedimenten
Detritus: Gesteinsschutt und zerriebene Organismenreste
Diagenese: Umbildungen, die sich in einem porösen Sediment abspielen

E

Entropie: Maß für die Wahrscheinlichkeit eines Zustandes; Grad der Un-
    ordnung in einem System, da ungeordnete Zustände wahrscheinlicher
    sind als geordnete
Epidermis: Äußere Hülle eines Organismus
Eucaryonten: Organismen, deren Zellen einen echten Zellkern besitzen
Eutroph: Bezeichnung für nährstoffreiches Gewässer, bei gleichzeitigem
    Mangel an Sauerstoff
Evaporite: Eindampfungssedimente, die durch Abscheidung von Salzen aus
    Lösungen entstehen

F

Fazies: Die Gesamtheit der bei der Ablagerung der Sedimente herrschenden
    charakteristischen Bildungsbedingungen
Fossil: Überliefertes Material aus der geologischen Vergangenheit, ins-
    besondere Überreste von Organismen

G

Geochemie: Befaßt sich mit der Untersuchung der chemischen Zusammensetzung
    der Gesteine, Minerale, Böden, Wässer und Gase in den verschiedenen
    Teilen der festen Erde und Hydrosphäre
Geosphäre: Der Bereich zwischen Atmosphäre und der Erdkruste
Graphit: Schwarzfarbige Modifikation des Kohlenstoffes
Gymnospermen: Nacktsamige Pflanzen
Gyttja: Halb-Faulschlamm, der unter einem sedimentären Sauerstoffmini-
    mum abgelagert wird

H

Heterotrophie: Eine Ernährungsweise, die organische Substanzen als
    Kohlenstoffquelle nutzt
Homöopolare Bindung: Gleichartige chemische Bindung zwischen Atomen
Humid: Feuchter Klimabereich, wo die Verdunstung geringer als der
    Niederschlag ist
Huminstoffe: Organisches Material aus abgestorbenen Organismen auf und
    in Böden und Sedimenten

I

Inert: Wenig reaktionsfähig
Isotop: Die zu einem Element gehörenden Atome mit gleicher Kernladungs-
    zahl, aber verschiedener Masse

K

Katalyse: Veränderung des chemischen Reaktionsgeschehens durch einen
    Stoff, der nach Ablauf der Reaktion unverändert ist
Kerogen: Unlösliches organisches Material in Sedimentgesteinen
Klastisch: Bezeichnung für Sedimente, deren Material aus der mechanischen
    Zerstörung anderer Gesteine stammt
Kolloid: Stoffe, die sich aufgrund der Größe ihrer Teilchen keine klare
    Lösung bilden können

L

Lakustrin: Im Süßwasserbereich abgelagert, wie limnisch
Limnisch: Im Süßwasserbereich abgelagert, wie lakustrin
Lipide: Fette, Öle, Wachse und ähnliche fettlösliche Stoffe
Litoral: Bezeichnung für Vorgänge, die sich im Küstenbereich abspielen

M

Macerale: Mikroskopisch unterscheidbare Gefügebestandteile der Kohle
Mizellen: Assoziationskolloide, die durch zwischenmolekulare Kräfte
    zusammengehalten werden
Muttergesteine: Sedimente, die Öl/Gas bilden und abgeben können

O

Oligotroph: Bezeichnung für nährstoffarmes Gewässer ohne Sauerstoffmangel
Ombrogen: Regenreich
Oxygen: Unter Sauerstoffeinfluß gebildet

P

Parenchym: Grundgewebszellen bei Pflanzen
Photosynthese: Bildung von organischem Material aus Kohlendioxid unter
    Verwendung von Licht als Energiequelle
Phylogenie: Stammesgeschichtliche Entwicklung der Organismen durch Typen-
    differenzierung infolge von Erbänderungen
Polymere: Aus chemischen Einzelbausteinen (Monomere) aufgebaute Makro-
    moleküle
Präkambrium: Ältester Zeitabschnitt der Erdgeschichte vor etwa 4,5 Mrd.
    bis 600 Mio. Jahren
Primärproduzenten: Autotrophe Pflanzen, d.h. Organismen, die Kohlendioxid
    als Kohlenstoffquelle und Licht als Energiequelle nutzen
Primordial: Uranfänglich, urtümlich
Procaryonten: Organismen, deren Zellen keinen von einer Membran umgeben-
    den Zellkern besitzen
Protobionten: Die ersten Lebewesen
Psilophyten: Ur-Landpflanzen

R

Reaktionskinetik: Befaßt sich mit dem Einfluß der verschiedenen Bedingun-
    gen auf den zeitlichen Ablauf einer chemischen Reaktion
Rezent: Bezeichnung für gegenwartsbezogenes Material

S

Sapropel: Faulschlamm, der in einem sauerstoffreien Wasser abgelagert wird
Source rock: Muttergesteine, die Öl/Gas bilden und abgeben können
Stratigraphie: Einordnung der Gesteine nach ihrer zeitlichen Bildungs-
    folge anhand spezifischer Merkmale
Steinkohle: Höher inkohlte Kohle mit schwarzglänzendem Aussehen
Substrat: Chemischer Stoff, der bei einer enzymatischen Umsetzung in
    andere Produkte überführt wird
Symbiose: Zusammenleben von aneinander angepaßten Organismen zu gegen-
    seitigem Nutzen

T

Thallus: Vielzelliger Zellverband ohne große anatomische Gewebedifferen-
zierung
Thermodynamik: Befaßt sich mit den verschiedenen Erscheinungs- und Um-
wandlungsformen der Energie

V

Verwerfung: Relative Abwärtsbewegung einer Gesteinsscholle an einer
Bruchfläche

Sachverzeichnis